U0004889

花與授粉
的觀察事典

【一花一世界修訂版】

沈競辰◎著

晨星出版

【序言】

這是這本書第一次改版，自98年完成這本書後，一直有一些錯誤與遺憾，希望能藉由這次改版加以改進。這是筆者以攝影爲主要表現方式嘗試科普寫作，將生物界的奧妙介紹給大家。台灣早年的攝影受限於當時政治風氣，一直以唯美、超脫世俗的藝術爲主流。對於所謂的「科學性」攝影，多數攝影人認爲不過是發揮攝影最基本的功用——「記錄」的功能而已。所以當時的一些科學性文章或書籍，在長期的忽視下，圖片實在乏善可陳，連最基本的品質都無法達到。

其實，影像在科學教育上的功用非常重要，它不單單是輔助的工具，更是重要的「證據」。一張「決定性瞬間」的照片，勝過千言萬語的文字解說。

台灣的科學性攝影在六十年代，開始有一些轉變，當時一些孤獨的先驅者，在物質與技術都極爲缺乏的環境下，能克服萬難拍出精美的作品。筆者在高中時代就被讀者文摘上發表，李淳陽博士所拍攝的昆蟲照片深深吸引。椿象產卵時每一粒卵都像是一顆顆亮晶晶的珠寶，至今仍深深映在腦海中；另外郭玉吉老師所拍攝的蜻蜓複眼，揭露出一個微小世界的神秘與奧妙，也對我影響甚深，更促使我日後寫這本書的原動力。經過這些年來的社會的成熟，經濟能力足以支付稿費，從生態攝影學會的成立，開拓這個領域，一些中生代及年輕一代的攝影家願意以此爲專業，生態性的攝影終於能在台灣的攝影領域上佔有一席地位。

花朵是植物最吸引人類注意的部位，所謂「一花一世界、一葉

阿里山石猴線鐵路旁的台灣一葉蘭保護區。

綬草偶爾可在草地上發現，是台灣最小的蘭花之一。

一菩提」，大自然造物者的精心巧思盡在其中。一朵花一個世界，花的產生是大自然創造的奇蹟。與自然對照，才顯得人類渺小。綜觀整個自然界，不論你是從那個角度切入，總會發現無窮盡的謎與未知。人類雖然自傲於創造與發明，但是人類一切的文明精華，經過千年的時間終會歸於塵土；大自然是最偉大的設計者，自然的各種令人嘆為觀止的奇蹟，經過億萬年不斷天擇、演化產生的結果，處處充滿了驚奇！

綬草的花約0.5公分，螺旋圍繞花莖開放，所以有青龍盤柱之稱，其授粉機制仍是一個謎團。

5

我們的教育制度充滿著太多死硬的知識。很少教學生如何深入探討或去欣賞自然之美。以前在唸書時，老師介紹到各種花的形狀時，心中就產生了疑問？為什麼這些植物的花朵要有不同的顏色及形狀呢？這其中一定有些道理吧！但所得到的都是一些很模糊的答案，因此也是我嘗試寫這本書的動機。期望能由這本書讓大眾欣賞自然界的結構之美。

花的構造與授粉的關係，雖然在很多書上都有提到，可是卻沒有一本中文書能以較完整的方法介紹給大家，期望藉由這本書，能

食花虻在舔食花粉，花朵上的昆蟲與植物間的互動，看似平常，卻是謎團重重。

讓這個許多人都有興趣的問題，有一個較完整的呈現。文中所介紹的植物種類，盡量以常見的為主，讓讀者在看書之餘、也可親自觀察、互相對照，說不定在觀察的過程中，又能有新的發現！

　　事實上，這本書的架構早已超過一個人能力的極限，筆者不踹淺漏，前後雖花了十餘年的時間勉力為之，但相信疏漏之處必然不少，期望這本書只是一個起步，以後將會有更精彩的書陸續出版。個人主義、單打獨鬥的時代應該過去了！一個自然的題目若是能由鄉土工作者、研究人員、教育學者、媒體工作者共同努力經營，相信一定能有更深更廣的呈現，這也是筆者對未來台灣自然工作者深深的期盼。英國BBC拍攝的生態影片，被譽為舉世最佳的生態紀錄片，除了精湛的攝影技巧外，當年「日不落國」時代，博物學家跟隨探險隊進行全球性的基礎物種調查，所奠定的紮實科學基礎，更是功不可沒。

　　在台灣以往的研究環境，除了一些具有經濟性的作物外，很少注意到基礎性的研究，以致在本土資料的收集上，每每遭遇許多挫

折。像台灣四百多種蘭花授粉的研究竟是一片空白。深厚的基礎研究是科普寫作的基石，本書所引用的許多資料，都是參考國外的文章，也是很遺憾的地方。本土生態的研究還有許多待發展的空間，很幸運，有一些教授級的老師，能放下學術的身段，投入科普寫作的工作，寫出一些既富專業性又具可讀性的好書。筆者觀賞法國生態影片——「小宇宙」，該片曾榮獲坎城影展最佳紀錄片獎，深為感動，希望有一天在大家通力合作下，能有這樣偉大的作品出現。

除了資料的收集外，圖片的收集才是最困難之處。一本科普的書要有好的文章為骨幹，要有好的圖片為血肉，互相補充，相得益彰。千言萬語有時不如一張圖片的印象來得深刻，雖然文稿的大綱成形很久，但一些關鍵性的圖片無法拍到，留有許多缺憾，只好等來日有機會，再補強這本永遠也寫不完的書了！

生態學是探討生物與生物及生物與環境間互動關係的科學。在今日地球環境遭到破壞與危機的時代，生態學越來越受到重視，這本書也嘗試從授粉的角度，介紹植物與其授粉者之間親密的共生關係例子，讓大家瞭解生態保育的重要性。當一種生物滅絕時，就會引致其他生物跟著滅絕。

一本書絕非一個人所能獨立完成的，在最後要感謝恩師陳明義教授帶領進入一窺植物奧秘的殿堂，林業試驗所林讚標博士、中興大學楊正澤副教授、蕭淑娟副教授、劉思謙博士的協助。基層鄉土教育工作者彭慶彥老師、許坤明老師、李松柏老師、左漢榮老師、台中縣鄉土自然研究學會各位夥伴的資料協助，晨星出版社陳社長的耐心，最後感謝家人在這段時間給筆者的支持與鼓勵。

沈競辰　2003/07於台中

Contents

【前言】

　　記得有一回，朋友提起他參加柯內爾自然課程的經驗，老師提出一個假設狀況——公園得砍掉一棵樹，管理員正在考慮到底要砍掉哪一棵？假設這樣莫名其妙，真的非得砍樹不可的狀況發生時，請每組的學員站出來為自己最喜歡的樹說話，告訴大家它有什麼值得繼續留在公園內的好理由。

　　於是愛椰子樹的人便宣稱椰子的果汁清涼解渴無人能比，而且誰能想像來公園玩的孩子，少了拖老椰子葉的遊戲，他們會有多失望！於是，愛櫻花的人也堅持情侶以後去哪談戀愛呢？我們又怎麼知道春天的消息？又有人力保仙丹花，他們說要是沒了仙丹花，鳳蝶就不來公園採蜜，誰能忍受一座沒有蝴蝶的公園？

　　聽起來大家都無所不用其極地為心中疼惜的植物說話。這些理由或許不夠全面，忽略了像植物能涵養水源、淨化空氣等關乎生態的重要功能，不過，這也很真實反映大多數的人就是很生活的喜歡上植物，只是因為生活的實用，只是因為感性的親近。

　　然而，不論是從事自然教育推廣的人、或是像我這種不斷做自然觀察研究的人，我們總是免不了想像大家再多一點點、再多一點點對大自然的了解那多好！

　　至於好在哪呢？也許只是因為多一點自然知識的累積，而多一點對自然的尊重與疼惜。

　　最後，我還想補充一點，對於想了解自然的人，大自然從來都是幽默、有趣、生動、活潑、神奇、奧妙、來者不拒的對待！

椰子樹是熱帶海岸的代表樹種，除了果實可食用外，花穗可製糖、釀酒。
樹葉、樹幹可建屋，被海岸居民視為一身是寶的神奇之樹。

花在人類生活上的地位與應用

花是大自然最美麗的藝術品，從古到今，美麗的花朵總會吸引人們的目光和讚賞；詩人和畫家創作了無數讚嘆花朵的詩歌和圖畫；在生活中，花藝設計及庭園造景，更是將花朵的美麗發揮得淋漓盡致，眞是美上加美的藝術創作。

人們常利用花朵來表現內心的情感，並賦予特殊的象徵意義，像中國傳統以菊花象徵清高、蓮花出淤泥而不染、牡丹花代表富貴……等；而西洋的習俗，像玫瑰代表愛情，佩帶康乃馨則用來感謝母親。

花朵不只美麗，事實上還有許多實用價值，許多花卉所含的揮發性香精，是製作香水的原料；蔬菜類像青花菜、花椰菜、金針菜則提供了幼嫩的花朵作爲食用。花朵的美好無所不在，不只美化了我們的心，也填飽了我們的肚子。

在感性地欣賞花的美之外，若能試著知性觀賞，探索爲何花朵會有這麼多不同的顏色、形狀與精細的構造？它們的作用到底是什麼？尤其是不同的植物開花時，會以不同的方法完成傳粉，以達成傳宗接代的天賦使命，相信必能對造物者的神奇感到由衷的敬意。

花朵可以增加環境的色彩，圖為舊金山花街。

花的應用——用萬代蘭組合成的庭園造景。

花的應用——美國迪斯奈樂園內用草花布置成的花

花的應用——美麗的新娘捧花。

花的應用——旗袍上的牡丹刺繡。

花的應用──西洋式花藝設計。

花的應用──西洋式花藝設計。

花的產生

植物為何要產生花朵？花是如何產生的？哪些植物不會開花？會開花的植物在生存競爭上又佔了多大的優勢？

每種生物在生命中至少要具備兩種能力，一是維持個體的生存、生長，另一項就是繁衍後代。

綠色植物是生物界的生產者，它執行了一項維繫整個生態系的獨特功能，就是從無機物合成有機物質的光合作用。

綠色植物從根部吸收水份和無機鹽類，經過莖部的輸導組織，轉送到葉子，葉子內的葉綠體吸收光能，將空氣中的二氧化碳與水給合成碳水化合物（醣類）提供給植物體，這個過程稱為光合作用。藉由光合作用作為生長及生化反應的能量來源，如此讓植物體成長、茁壯。執行第一項生命任務的器官像根、莖、葉，就稱為營養器官。當生物體死亡埋入土中，往往轉化為煤炭、石油等形式，將能量儲存起來。

就是依賴光合作用將光能轉化為化學能，我們才能吃到各種食物，發電廠才有煤炭可用，汽車也才有汽油可開。

當植物體生長至一定大小時，就進入了生殖時期，開始要產生後代以繁衍種族的過程，這時花朵就登場了！花朵就是顯花植物的生殖器官，開花、授粉、結果的過程，是植物必須執行的第二項生命任務。

右圖：顯花植物佔據海邊酷熱、多鹽分的地帶。圖為澎湖海邊的天人菊群落。

由陸地向到水中，也可見到顯花植物的分布，圖為河溝中盛開的布袋蓮

生長於海岸潮間帶泥灘地的紅樹林。全世界的紅樹林植物約有55種，能夠在這種乾、濕不斷變化的環境下生存，仍然都是顯花植物的天下。

在酷熱無雨的沙漠中，仙人掌一樣生機盎然。

在 3,000 公尺以上的高山中，顯花植物的蹤跡幾乎無所不在。圖為合歡山夏季的花海。

附生在岩石上的松葉蕨,是非常原始且稀有的蕨類植物,早在恐龍時代以前就已出現,是典型的活化石。

三億年前地球上的森林,是以類似筆筒樹這樣的樹蕨類為主。

分布於台灣海拔3000公尺以上的台灣冷杉森林，裸子植物受到被子植物的競爭壓力，多侷限於中高海拔地區。

　　植物的種類繁多，繁殖的方法也各有不同，像最原始的單細胞藻類是行分裂的無性繁殖，較高等的藻類則開始產生配子進行有性生殖，乃至於被子植物（又稱顯花植物）則進行精密的雙重受精有性生殖方式。

　　並非所有的植物都會開花，例如菌類、藻類、苔蘚植物、蕨類，都不具有花的構造。在植物學上的花，是特指裸子植物及被子植的繁殖器官。不過由於觀點不同，有些學者認爲被子植物才是最典型的開花植物。而正因爲花朵的演化，使被子植物成爲陸地上最具優勢、最成功的植物種類。

美麗的原生花卉──山芙蓉，因在農曆九月開花，所以又稱九頭芙蓉。

美麗的原生花卉──台灣油點草，分布於中、低海拔略陰濕地區。

美麗的原生花卉──玉山金絲桃，分布於高海拔山區。

美麗的原生花卉——草海桐，分布於海岸邊。

　　生命源自於海洋，七億年前海洋中的綠藻已經相當繁盛，在四億年前，海洋中的植物嘗試登上陸地的第一步，在三億多年前，陸地上已經遍布大型的樹蕨類植物。裸子植物的出現約在兩億五千萬年前的古生代，最繁盛的時期則是在兩億年前的石炭紀。

　　而最晚出現的被子植物（又稱顯花植物）則是在約一億兩千五百萬年前出現。從第一棵顯花植物出現至今，已發展成為植物界中最強勢的種類，小從一公釐大小的浮萍，大至一百公尺高的大樹，不論何種環境，高山、平原、荒漠、溪邊，甚至在水中都可發現被子植物的蹤影。

水晶蘭平時深入地下，開花時才從土中冒出。

合歡山區的紅毛杜鵑。

美麗的原生花卉——生長於合歡山東峰的玉山杜鵑。

現今已發現的被子植物至少有25～30萬種之多，相較於恐龍時代繁盛一時的裸子植物，至今只殘存約700～800個種類，而且多侷限於溫帶及高山較寒冷的地區，因此被子植物在現今植物社會中稱霸是毫無疑問的！

被子植物興盛的主因之一為花的產生，能將生殖細胞包在特別的保護組織中，且在受精形成種子後仍然包裹在果實裡面，避免直接曝露在外遭受掠食或破壞，這種對後代特別的保護，讓其在生存競爭上佔有極大的優勢。

如前所述，植物的生殖方法是由沒有性別的無性生殖演化到具有雌、雄性別的有性生殖。有性生殖的發生在生物生存上是一大進步。

由於無性生殖所產生的子代，其遺傳特性與親代完全一樣，缺乏變異的結果，對於環境變異的適應能力就受到很大的限制。

有性生殖因精、卵的產生，由於遺傳物質互換及重組的過程，使後代變異的機率大為增加，當面對不同的環境時，繼續存活的能力因此大大提高。

陸生環境相較於海洋是複雜而多變，物競天擇下，有性生殖自然是陸生植物較佳的選擇。

哪些植物不開花

在我們生活周遭有許多生物，像真菌、苔蘚植物、蕨類都不會開花，也都不具有花的構造。那麼牠們是如何繁殖的呢？

真菌的基本構造是細長棉絮狀的菌絲，蔬菜中美味的香菇、金針菇、竹蓀以及野外腐朽枯木上長出的形形色色蕈類，都是屬於真菌的子實體，是真菌的繁殖器官。

子實體是由菌絲彼此聚集特化而成。在子實體內會產生大量細微的孢子，釋放出來後隨風飄散到四周的土壤或有機質上，萌發成新的菌絲繼續下一個生活周期。

真菌因為沒有葉綠素，所以必須行腐生或寄生生活，許多真菌與人類的生活有著相當密切的關係。食用性的真菌都被用

土星菌屬於真菌，其內膜鼓成球狀，中央有一小孔可以釋放孢子。

來大量栽培，以往栽培多用段木栽培法，就是在木材上鑽洞，然後塞入菌種，讓菌絲在木材中拓展。現因木材來源缺乏，多數改用太空包來種植食用菌。

此外，發酵用的酵母菌、製造盤尼西林的青黴菌，以及中藥上的多蟲夏草（昆蟲寄生菌），都是對人類有貢獻的真菌。然而，有部分真菌具有危害性，像許多毒蕈、腐生性的真菌會造成木材腐朽，寄

竹蓀是美味的真菌，其子實體會發出一股特殊的臭味。

生性的真菌會造成香港腳等皮膚病。值得一提的是，在最近的分類系統中，已經將真菌由植物界中獨立出來，另成立一個真菌界。

苔蘚植物是另一類常見到而不會開花的植物，牠們常長在潮濕的水邊、屋角、石頭上，植物體非常低矮、高度通常不會超過5公分。像土馬騌、地錢、葫蘆苔等皆為常見的苔蘚植物。

苔蘚植物由於沒有根、莖、葉的分化，而且缺乏木質部和韌皮部等輸導組織，所以無法長成高大的植株，牠們藉由細長細胞所形成的假根，以吸收水份和礦物質元素。

水苔的孢子囊。

長在腐木上的簇生鬼傘。真菌多為自然界的分解者，將植物體分解回歸物質循環。

中美洲海拔2000公尺的水苔濕地，類似最初的陸生植物生長的地方。

　　一般常見的苔蘚植物，呈綠色而能獨立生活的個體，是屬於牠的配子體時期。所謂的配子體是指植物在世代交替過程中，植物的染色體為單套的時期，配子體會產生配子以進行有性生殖。而孢子體則是屬於世代交替中的染色體為雙套的時期，孢子體能進行減數分裂，形成單套染色體的孢子。

　　在配子體的頂端會產生藏精器和藏卵器，在其中產生精子和卵子，藏精器及藏卵器會在幼嫩而珍貴的生殖細胞外面形成保護性的細胞層，精子必須靠水的媒介游泳到達卵子所在的位置。精卵結合後形成受精卵，受精卵生長並發育成為一成熟的孢子體。

孢子體

配子體

土馬騌常見於陰濕的地方，在下方綠色的為其配子體，上方黃紅色有柄的為其孢子體。

孢子體

配子體

葫蘆苔是低矮的苔蘚植物，植物體高約一公分，下方為配子體，上方有柄的孢子體是繁殖器官。

孢子體由一細長的柄和孢子囊所構成，孢子體無法獨立生存，必須依賴配子體提供必要的水和營養。孢子體上端的孢子囊內含有許多細小的孢子，待孢子成熟後孢子即被釋放出來，落至適當的環境，重新萌發成新的配子體，拓展了族群的領域範圍。

這種全世界最高的苔蘚植物，分布於婆羅洲神山國家公園內，高度也只能達到1公尺。

蕨類植物也是另一群分布很廣、種類眾多的植物，通常分布在潮濕地面、森林底層、河流岸邊等地區，其植株的大小差異頗大，從小至1～2公分漂浮在水面的滿江紅，到高大的樹蕨類（像台灣山地常見的筆筒樹、杪欏）。

但與苔蘚植物不一樣的是，蕨類植物的孢子體發達，我們常見到的都是蕨類的孢子體，具有維管束及真正的根、莖、葉，它們多數長在潮濕的地面，但少數蕨類可耐乾旱及強光。另外有些則是採用附生的方式，即植物體並不生長在泥土中，而是附著生

長於樹幹成石頭上，像台灣常見的山蘇花、槲蕨都是採取這種生活方式，槲蕨為了配合這種懸在空中的生長方式，除了具有能行光合作用的葉片外，還形成一些特化的鱗片葉，這些長在根莖上面短小呈褐色的樹葉，能聚集腐植質並有保水的功能，以避免植物體枯死。

多數蕨類的繁殖器官位於葉子的下表面，在繁殖期時可在蕨葉背面找到許多褐色或黑色的凸起，這些呈線狀或點狀的凸起，都是由許多孢子囊成群聚生在一起，形成的孢子囊群或孢子囊堆。在孢子囊群的外面帶有一層薄膜狀的構造，稱為苞膜以保護孢子囊。

當孢子成熟時，孢子可由一具有彈性的環帶將孢子彈射入空中，當孢子落在適宜的地點，萌發後形成一個綠色、小而獨立的配子體，配子體上可產生藏精器及藏卵器可產生卵及可游動的精子，當有水的時候，精子經由游動與卵結合形成受精卵。受精卵附著在配子體上發育成新一代的孢子體，而後配子體逐漸消失，只剩下孢子體，重新開始另一世代。

苔蘚類、蕨類雖多數為陸生，但它們在進行有性生殖時，先天上必須受到水的限制；也就是說，必須在有液態水存在的場合，精子才有辦法藉游動與卵結合，因此限制了它們的生長區域，這在乾燥的陸生環境是一項非常不利的因素，所以我們大多在潮濕的地方才可見到這些植物。

彈性環

孢子

瓦葦葉背的孢子囊群。

蕨類放大的孢子囊群，可見到一些孢子囊正在放出黃褐色的孢子。

附生在樹幹上的伏石蕨，具有較長形的繁殖葉與較圓的營養葉。

蕨類多數分布在溫帶到熱帶的潮濕地區，圖為長在潮濕地面的金星蕨。

附生在大樹枝條上的槲蕨，除了正常的葉片外，還有一些特化的褐色樹葉，能聚集腐植質及具有保水的功用。

從原葉體上長出蕨類的孢子體。

蕨類的孢子散落在陰濕的地方會發育成小形、綠色、呈心形的原葉體（原葉體大小約0.5公分）。原葉體即為蕨的配子體，具有假根，可以吸水。

附生在樹上的台灣山蘇與崖薑蕨屬於大型蕨類。

裸子植物

繼苔蘚、蕨類植物後登上陸地舞台的，就是更能克服陸地乾燥環境的種子植物。種子植物比苔蘚、蕨類佔極大優勢之處，就是在進行有性生殖時，精卵結合並不需要靠水的媒介。

由前面的介紹可知，植物在從水生轉為陸生環境時，缺水及各項惡劣的環境影響，對植物是一大嚴苛的考驗。所以陸生植物必須在外表形成堅韌的組織，

台東蘇鐵的雄花，由許多鱗片狀的雄蕊所組成。

以保護內部柔嫩的細胞，像樹木表皮的木栓層，葉子表面的角質層等等。而對於生殖細胞的保護，也隨著植物的演化而使保護的構造越來越複雜、精緻，這種情形在種子植物上表現得最為明顯。雌性的生殖細胞被層層具有保護性的細胞包圍在中央，組成胚珠，胚珠在受精後形成種子，在種子的外面有堅韌的種皮保護內部的胚（胚就是一個具體而微的小植物體），所以種子植物在構造上是最能適合陸生環境的植物。

種子植物由胚珠是否裸露在外可分為裸子植物和被子植物。裸子植物在化石紀錄上出現的時間很早，在恐龍時代，食草恐龍就是以蕨類及裸子植物為主食，裸子植物顧名思義即是種子裸露在外的植物，最常見的就是松、杉、柏等針葉樹，另外像蘇鐵、銀杏、羅漢松也都是裸子植物的成員。

裸子植物多為喬木或灌木，有些樹種會在溫帶或亞熱帶的高山上形成純林，台灣高山上的鐵杉、冷杉、玉山圓柏就是其中的代表。裸子植物在遠古時代盛行過，但現在大部分已滅絕或逐漸式微，像銀杏必須完全依賴人類種植及保護，在野外的族群已經全部消失了！

蘇鐵的雌花，可以見到裸出的紅色種子。

台灣冷杉的直立雌性毬果。

羅漢松的綠色種子與紅色的種托，樣子很像一個披著
紅袈裟的小和尚，因此得名。

台灣冷杉的雄花。

羅漢松的雄花正隨風釋放花粉。

南洋杉的毬果。

右圖：許多裸子植物都是
非常巨大的喬木。圖為位
於苗栗泰安鄉的台灣第一
巨木，樹種為紅檜。

玉山圓柏是台灣海拔分布最高的樹木，因積雪與強風多呈匍匐生長。圖為雪山主峰玉山圓柏火燒後形成的白木林。

　　裸子植物是最初的開花植物，它們是如何行有性生殖呢？拿常作為庭園樹的蘇鐵為例，蘇鐵是很古老的植物，在恐龍時代的白堊紀曾經盛行過，現今全世界約有100種蘇鐵科植物，主要分布在熱帶至亞熱帶地區。蘇鐵看來頗似椰子類，多為單幹不分枝的喬木或灌木，粗硬的葉子則聚生於莖頂。

　　蘇鐵是雌、雄異株，也就是雌、雄花各自開在不同的個體上。開花時，雄株的莖頂會開出圓錐形的黃色雄花，雄花是由許多鱗片狀的雄蕊呈螺旋狀聚生而成，在每一個雄蕊下方著生許多

細小的花粉囊，成熟時花粉囊會裂開，放出許多細小的花粉，隨風飄散到雌株的雌花上。在裸子植物興盛的時代，因為沒有可依賴的授粉動物，所以裸子植物仍依賴風力為其授粉。

蘇鐵的雌花是由多數葉狀而扁平的大孢子葉（即相當於雌蕊）互相疊合而成，在大孢子葉的基部側面長有幾個裸露的胚珠，受精後會形成具有硬質種皮的種子。

其次，如常見的松、杉、柏等針葉樹，牠們也是一群相當古老的植物，針葉樹往往在溫帶地區或亞熱帶的高山上形成大片的純林，是世界木材及紙漿的重要來源。其葉片大都呈針狀或鱗片狀。松柏類的花為單性，雄花是由許多裸露的鱗片狀的雄蕊所構成，雄蕊上長有花粉囊，成熟時會釋放出大量黃色的花粉，在花粉粒上帶有氣囊有助於隨風飄散。雌花則是有許多木質的鱗片排列在一個軸上形成的毬果。

胚珠位於毬果鱗片的基部，在胚珠的外面會分泌黏性物質以黏附隨風而至的花粉粒，當春天來臨時，一棵松樹會釋放出數以百萬計的花粉，雖然大部份皆會失敗，但總有一些會被雌性毬果上的黏性物質所吸附住，當黏液慢慢乾掉收縮時，即會將花粉粒拉至胚珠內，這時花粉會萌發產生花粉管，釋放出精細胞以與胚珠內的卵細胞結合，完成授精作用。有趣的是，從花粉粒黏附在雌毬果上到完成授精作用，往往要花上一年以上的時間。毬果外圍的硬質鱗片，具有保護內部柔軟組織的作用，一顆毬果往往可懸掛在枝條上好幾年。

顯花植物

　　談完了苔蘚植物、蕨類植物、裸子植物之後，我們發現這些植物都必須依賴自然界的水或風力，來幫助完成傳宗接代的任務。這些植物在剛登上陸地時，並沒有與動物建立值得信賴的共生關係，所以裸子植物必須依賴唯一可靠的力量——風力來完成傳粉的工作。

　　但是大家想一想，靠風力傳粉是很被動且缺乏效率的。當下雨或無風的時候，傳粉就受到限制。這種完全逢機的方式，會浪費掉許多寶貴的花粉，使花粉能夠成功達成任務的機率，低於千分之一。

　　較晚登場的被子植物（又稱顯花植物）成功的與動物間建立良好的合作關係，讓動物參與傳粉的工作，達成高效率的傳粉模式。

　　由於基因組合的機會增加了，使植物更能適應多變的環境，也使被子植物成為現今最佔優勢的陸生植物。

　　被子植物的起源因化石證據稀少，至今仍無定論。有一種說法是在一億三千五百萬年前，當時裸子植物正值最興盛的時期，裸子植物的胚珠裸出，並藉由風力來傳布花粉。

　　一些原始性的甲蟲藉著咀嚼裸子植物的花粉、胚珠為食。然而這些甲蟲在破壞了部分胚珠之後，卻也無意間幫助了部分傳粉的工作，這些昆蟲對植物的貢獻與破壞可說是相當。而部分裸子植物為了防止昆蟲破壞胚珠，妨礙種子形成，就逐漸演化出花將胚珠包

朱槿碩大鮮豔的花朵，通知昆蟲前來採蜜。

朱槿的黃色雄蕊形成圓形，將中央紅色的雌蕊
包圍。

雄蕊的花藥中球狀的花粉粒，內有雄性生殖細胞。花粉粒由雄蕊傳到雌蕊的柱頭上，即稱為授粉或傳粉。

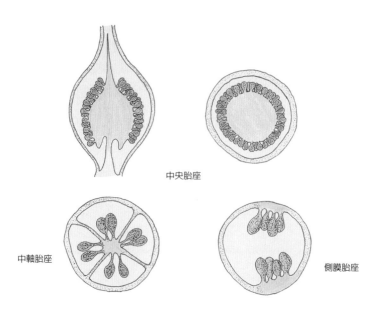

中央胎座

中軸胎座

側膜胎座

三種胚珠在子房中分布的形式（三種主要的胎座剖面）

將朱槿的子房切開可看到子房分為五室的中軸胎座,每一室內都有許多胚珠,胚珠內則有雌性生殖細胞。

一隻藤蜂正飛向野牡丹科植物進行傳粉工作。被子植物成功的與動物完成互助合作的協議，使傳粉工作具有高效率與專一性，但牠們如何彼此互相吸引，是非常有趣的問題！

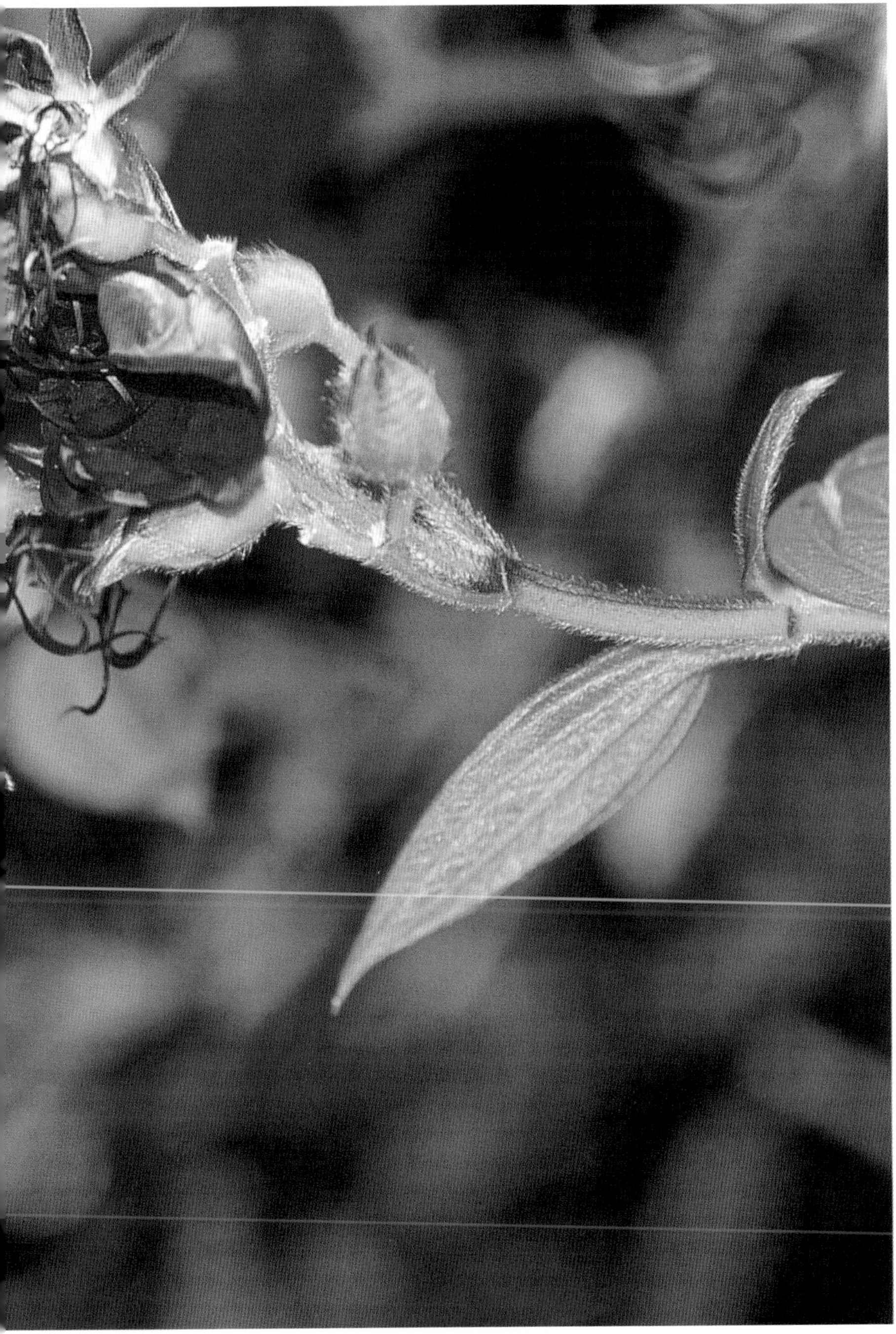

裏在裡面。如此周到的保護，可以盡量減少生殖細胞曝露在外及被掠食者吃食的機會。

最早的顯花植物大約在一億兩千五百萬年前的三疊紀中出現，自此之後可能就有一些原始的甲蟲、蠅類在花間爬行，以花粉、胚珠為食，也順便幫助傳粉。

經過數千萬年的演化，顯花植物的花器已演化成非常精巧的構造，種類也日益複雜，並且各自發展出許多特異的方式，來達到授粉的目地。而動物也演化出特殊的身體構造及機制，以更有效的方式從花朵中獲得食物，使得植物與為其傳粉的動物間，產生更親蜜的共生關係。

植物學者認為狹義的花即為顯花植物的專有特徵，而花朵也是最容易引起人們注意及喜愛的部份。花朵就起源來說，是一個特化的枝條，枝條上著生的葉片則變化成執行生殖功能的特殊構造。在進一步介紹各種不同的授粉方式前，我們仍不免俗的要先了解一下花的各部構造。

雖然花的種類極多，而且形態、大小、色澤各異，但基本的構造卻很類似。典型花的基本構造包含了花萼、花冠、雄蕊、雌蕊四部分，其中花萼為綠色、葉狀的構造，主要功能是保護內部幼嫩的組織。

花冠是由花瓣所組成，是花朵最亮麗的部份，也是吸引授粉者的重要部位。雄蕊則是由細長的花絲及會產生花粉的花藥所組成，是雄性生殖器官，花藥在成熟時會裂開放出花粉；雌蕊則是由柱頭、花柱、子房所構成，是植物的雌性生殖器官。

柱頭具有粘液或絨毛以接受花粉，花粉在柱頭上會萌發成花粉管，沿著細長的花柱直達子房內的胚珠。胚珠內含有重要的卵

青銅金龜以黃槐的花朵為食。

食花虻大大的複眼，在花上覓食時有助於防備敵害。

蘭花雄蕊上有藥帽將花粉塊蓋住。

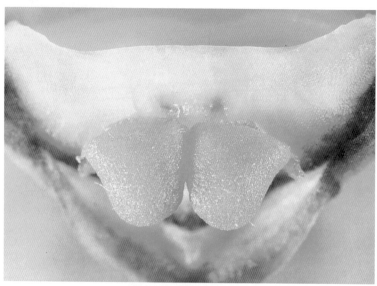

將藥帽去除,可見到下方由數十萬顆花粉聚集成的花粉塊。

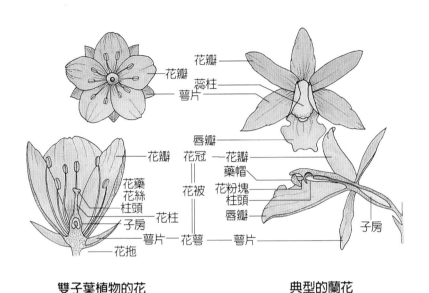

雙子葉植物的花　　　　　典型的蘭花

典型的被子植物花各部分說明圖。左為雙子葉植物的花，右為單子葉植物——蘭花的各部構造圖。蘭花的特徵為雄蕊與雌蕊合生為蕊柱。

　　細胞，花粉管內的精子與胚珠內的卵子結合成為受精卵，繼而發育成為種子。子房則發育成為果實將種子包裹在裡面，這也是被子植物名稱的由來。

　　花粉經由授粉媒介（風、動物等）傳到雌蕊的柱頭上，稱為傳粉或授粉。花粉粒的形狀、大小差別極大，一般來說，風媒花的花粉粒最小，而且通常帶有幫助漂浮的氣囊。蟲媒、鳥媒花的花粉較大，上面會有刺或突起，以幫助黏附在雌蕊的柱頭上。由於不同植物花粉粒的構造也各不相同，所以花粉也是重要的分類依據。

花的授粉方式（一）自花授粉

　　顯花植物有兩種授粉途徑，一種稱為自花授粉，花粉由花藥傳至同一朵花或是同一株其他花朵的柱頭，當一種植物的自花授粉率達到百分之九十五以上，則稱為自花授粉植物。另一種授粉方式稱為異花授粉，花粉由一棵植物的雄蕊上傳至另一株植物的柱頭，當一種植物的異花授粉率達到百分之九十五以上時，稱為異花授粉植物。授粉率若介於自花授粉與異花授粉之間，稱為屢異交植物。

　　這兩種授粉方式有何差別？何者較為優越？因發現演化論而享譽全球的生物學家達爾文曾經對此研究過。他以牽牛花、毛地黃、三色菫等植物進行試驗，結果發現異花授粉的植株不論在生長高度、強健程度或種子數目上，皆優於自花授粉者。

　　生物的繁殖與生存競爭間，實存在兩種看似相反、但卻互相調和的力量在作用著！一是力求維持整個族群的特質，另一則是持續改變以適應環境。異花授粉可增加染色體內基因的新組合，產生許多具有些微變異的後代，在環境改變時具有較佳的生存機會，所以大部分的植物都是行異花授粉。

　　在某些特殊情況下，生長於高山、沙漠、極地或其他氣候極端變化的地區，由於缺乏適當的授粉者，植物也必須依賴自花授粉來繁殖後代。而一些一年生的草本及生活期短的植物，必須在短期內產生大量種子，自花授粉乃是唯一可信賴的授粉方式。這些植物為了族群的延續，必須放棄較佳的授粉方式。

稻米是人類的基本糧食，也是自花授粉的作物。

　　另外，許多世界上重要的農作物也是行自花授粉，像常見的糧食作物禾本科的稻、麥及豆類的落花生、大豆等。在選種的過程中，較易挑選出自花授粉的品系，因為牠們能持續保持均一的品質，能夠由農民自行留種，能夠連續種植數代且能保持相同的產量。

　　異花授粉的品系因為後代的變異過大、產量不穩定，往往遭到淘汰的命運。像稻子的花就構造上應屬於風媒花（風媒花的構造會在以後的章節詳述），但經人類長期栽培選種的結果，現在已成為自花授粉的農作物。這是人類為了自身利益而改變了植物的特性。

　　水稻的花約在早上七、八點左右開放，然而開放前早已完成了授粉工作，開放時只見早已釋放完花粉的雄蕊露出花被外，雌

稻子的花是在早晨開放，但在開放前已完成授粉工作，開花時只看見雄蕊露出花被片外，雌蕊仍包在花被片內。

銀樺是大喬木，每年4、5月份開花。

蕊則仍然躲藏在花被片內，所以水稻的開花，事實上只是風媒花
祖先遺留下的痕跡而已。

　　自花授粉雖然看似較爲簡單，但一些自花授粉植物也會產生
特殊的花部構造，以保證授粉的成功，有些會產生較高的雄蕊，
較低的雌蕊好讓花粉自然落到柱頭上。而銀樺的自花授粉構造，
算是其中相當特殊的例子。

　　銀樺原產於澳洲，爲常綠大喬木，每年四、五月時會在枝條
先端開出橘黃色的花序。銀樺爲了保證每一朵花的柱頭都能接觸
到花粉，在花朵未開放前，柱頭及花柱的先端彎曲包被在花被片
裡，而雄蕊的花藥就長在花被片的內側，當花開放時，彎曲的雌
蕊伸直自花被片中脫出，抹過雄蕊而自花授粉，當雌蕊伸直時，

銀樺花的特寫，可清楚看到花被片內側的雄蕊，雌蕊基部的液體就是蜜腺分泌的花蜜。

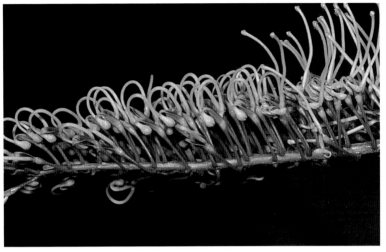

銀樺的花序，銀樺雌蕊的柱頭在花未開放前是被花被包住，雄蕊就長在花被的內側，開放時柱頭伸直抹過雄蕊而授粉。圖右邊的是已開放的花，可清楚看見柱頭上都帶有黃色的花粉。

柱頭上都已經沾滿了黃色的花粉。

　　不過，雖然銀樺有如此精密的構造以保證自花授粉，但銀樺仍會產生甜美的花蜜吸引許多鳥類、松鼠前來吸蜜。

　　植物產生花蜜的目地，不外乎吸引動物前來為其進行傳粉。我們可以這樣推論，雖然自花授粉的植物可以不依外力完成授粉工作，但若有其他動物幫忙進行授粉工作，則可增加結果率及後代變異的機會，因此許多自花授粉植物依然開放著鮮豔的花朵，以吸引動物來為其傳粉。

雖然銀樺具有自花授粉
的構造，但銀樺豐富的
花蜜仍吸引綠繡眼前來
吸蜜。動物與自花授粉
植物間的關係，仍有值
得進一步探討的地方。

7

花的授粉方式（二）異花授粉

在自然界中，大多數植物是行異花授粉，爲了確實達到這個目地，異花授粉的植物，會想盡辦法產生一些特殊的機制與構造，來避免自花的花粉落在自己的柱頭上。秋海棠、玉米等花朵的雌蕊或雄蕊退化，形成只有雌蕊的雌花和只有雄蕊的雄花。另外有些植物則產生自花不孕性，即經過一些特殊的化學辨識方法，讓自花的花粉無法在柱頭上萌發。

有些植物雖然同時具有雌、雄蕊，但成熟期錯開。如朱槿、一串紅是雄蕊先成熟，待花粉散布後雌蕊方成熟；車前草是雌蕊先成熟而雄蕊後成熟，一朵花在花粉飛散時柱頭已經枯蕊；毛地黃的花是雄蕊先熟，雌蕊後熟，所以在花序下方的是開放較久的雌性花，而在花序上端的是剛開放的雄性花。

前來毛地黃授粉的動物也會產生特殊的行爲模式。背部帶著他株花粉的熊蜂，會先從下方的花開始採蜜，同時讓雌性花接受異花的花粉，接著熊蜂會往上飛進入雄性花，帶走花粉飛到其他植株進行授粉的

左圖：秋海棠的雄花。
右圖：秋海棠的雌花。

玉米是雌、雄同株異花。雌、雄花長在同一株植物上，長在植株頂端的是雄花，長在葉腋的是雌花。

雌蕊

雄蕊

車前草的花是由下往上逐漸開放，在頂端剛開的花只看到羽毛狀的柱頭，因此是雌蕊先成熟，下方的
是已開一段時間的花，柱頭已枯萎，而雄蕊的花藥才成熟。

濱刺草的雄花。

生長在海邊的濱刺草是雌雄異花，雌花聚集成很特殊的刺球狀，果實成熟後可隨風滾動。

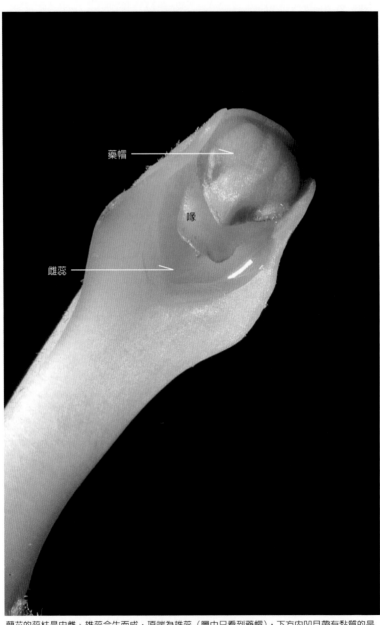

藥帽

喙

雌蕊

蘭花的蕊柱是由雌、雄蕊合生而成，頂端為雄蕊（圖中只看到藥帽），下方內凹且帶有黏質的是雌蕊的柱頭。中間有一稱為喙的隔板將雌、雄蕊分開，以防止自花授粉。

鉤狀的載粉器

花粉塊

馬利筋又稱蓮生桂子花，花粉結成塊狀，頂端形成鉤子，用以鉤在昆蟲腳上。

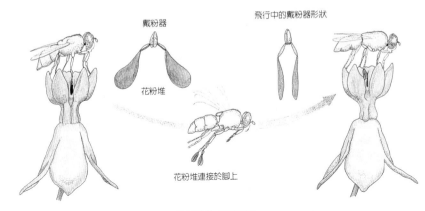

戴粉器

飛行中的戴粉器形狀

花粉堆

花粉堆連接於腳上

馬利筋的傳粉流程

工作。

　　全世界約有兩萬多種蘭花，蘭科植物的台灣原生種約有360餘種，是原生植物中種類最多的一科，但至今仍少有人研究其授粉機制及授粉動物。蘭科植物的花朵極為特殊，雌、雄蕊共同生長在一個棒狀物的先端形成蕊柱。在蕊柱的頂端是雄蕊，由藥帽及花粉塊所構成，在下方具有黏質膠體略微內凹的是雌蕊的柱頭。在雌雄蕊之間有一特殊構造（喙）將雌雄蕊分隔開來，其作用在於防止自花的花粉落入柱頭中，只有在極少數自花授粉的種類中喙才會退化。在花粉塊的基部具有一塊黏質，可幫助花粉塊黏附在傳粉者身上，以便進行傳粉的工作。

　　異花授粉雖然有助於後代的遺傳變異，但是如何將花粉由一朵花的花粉，準確的帶到相隔很遠的另一朵花的柱頭上，卻是另一個大問題！（別忘了！植物是無法自由移動的。）而且要與其他植物的花朵競爭。因此異花授粉的植物必須利用自然界的力量（風、水），或是與善於活動的動物（昆蟲、鳥類、哺乳動物）

昆蟲若是腳被花粉塊鉤到，必須用力才可將花粉塊帶出，力量不足的昆蟲甚至會無法掙脫而死亡。

非洲鳳仙花朵總是帶著一條長長的尾巴，其中儲存花蜜給授粉者食用。

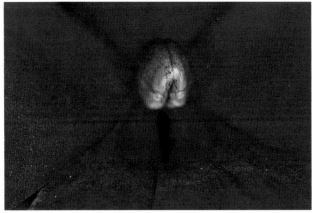

非洲鳳仙的雄花期，雄蕊形成帽子將雌蕊蓋住，可以防止雌蕊接受花粉。

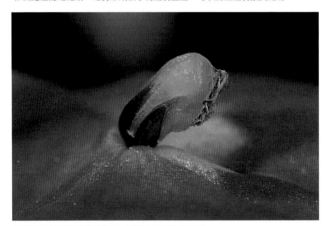

非洲鳳仙的雄蕊從基部斷裂，綠色的雌蕊逐漸露出。

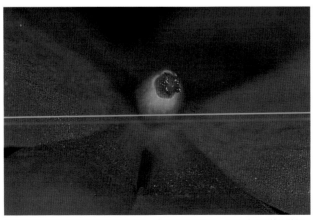

當雄蕊形成的帽子釋放完花粉脫落後，裏面的雌蕊露出，以接受其他花的花粉。

一隻鳳蝶飛到非洲鳳仙花上吸蜜，其口器及頭部接觸到雄蕊，帶走粉紅色的花粉。

間建立良好的合作關係。

　　這種雙方互利的合作關係，經過長久時間天擇與演化的結果，爲提高效率與專一性，形成一種植物會與特定的授粉動物合作而排除其他的動物。

　　植物的花在構造上產生特化，以適合特殊的授粉者，授粉者也會產生相對應的變化，形成生物學上的「共同演化」。這樣有助於雙方的授粉工作效率，同時花朵也能藉特化的構造，排除其他與授粉無關的昆蟲來奪取花蜜，專一的授粉者則更易獲得授粉的報酬。下面我們就以非洲鳳仙爲例作一說明。

　　非洲鳳仙花是很常見的觀賞花卉，也是觀察授粉的好材料。非洲鳳仙的花瓣聯合成左右對稱的形式，每一朵花都拖著一

熊蜂為了吸取花蜜，頭部必須接觸到雄蕊將花粉帶走。

條長長的尾巴，在中央有一細小的開口直通到後方細長的尾巴——「距」；也就是蜜腺所在的位置。雌雄蕊就長在開口上方，五個肥肥短短的雄蕊癒合成一個帽子，將綠色的雌蕊蓋住，花藥全部向下朝下方的開口展開。如此的構造有何作用呢？非洲鳳仙花朵的構造是專為具有細長口器的蝴蝶、熊蜂等昆蟲設計的，細長的距離可以排除口器不夠長的動物前來吸蜜。

在開放之初非洲鳳仙是其雄花期，蝴蝶雖然口器很長，但為了吸到位於花朵深處的花蜜，仍必須不斷把頭部伸進開口處，因此頭部就接觸到向下開展的花藥，而帶走粉紅色的花粉。

當一朵花的花粉釋放完畢時，雄蕊形成的蓋子脫落，露出雌蕊而進入雌花期。同樣的，當帶著花粉的蝴蝶飛到花上吸蜜，其頭部所帶的花粉就接觸到雌蕊，完成授粉的任務。花的結構與其授粉者間如此完美的配合，讀者應可感覺到大自然精巧的設計，實在讓人嘆為觀止。

最後要說明的是，自花與異花授粉間並非牢不可破，一些異花授粉的植物在無法接受到其他花的花粉時，也會在花朵開放的末期，進行自花授粉以產生種子。

花如何吸引授粉者（一）花為授粉者容

8

84

合歡的花序形成半圓
球狀，花瓣不明顯，
由漂亮的花蕊吸引授
粉者。

　　無疑的，靠動物傳粉是顯花植物最常用、也是最
有效率的方法。動物就像限時專送的郵差，準確的將
攜帶的花粉帶至其他花朵的柱頭上，而植物的郵費則
是提供動物能量所需的花粉、花蜜以為回報，兩者之

間形成互蒙其利的共生關係。

在化石的紀錄上，動物與顯花植物間的授粉關係，早在三疊紀時就已開始，最早時一些原始的甲蟲在花上進行傳粉的工作。

植物為了吸引授粉者前來，無不使出混身解數，開出顏色鮮豔或氣味濃郁的花朵，使授粉者在一段距離之外，就可看到或嗅到花朵所在的位置，然後找到牠所需要的食物。這其中至少包含三項生化因子──花色、花的氣味及花朵所能提供的營養物質。

花瓣通常是最漂亮的部分，伴演著吸引授粉者的角色。但豆科的粉撲花、桃金孃科的白千層、瓶刷子樹卻是花瓣退化，而由漂亮的花蕊執行吸引授粉者的工作。

在討論花色之前，我們先來看看顏色是如何產生的。顏色的產生必須先有光線，我們只能對紅、綠、藍這一階段的光線波長產生感應，這一段的光線稱為可見光。當光線的波長超過可見光範圍的稱為紅外光，而波長短過可見光範圍的稱為紫外光，紅外光與紫外光都是不可見的光線。日光通常呈白色，是由於紅綠藍三者等量相加所形成，當光線照射到物體上時，物體吸收部份光波而將其他反射出來，進入我們眼睛的視網膜而形成顏色。光線照到紅色衣服上時，紅衣吸收了綠色與藍色光而將紅光反射出來。葉子是綠色的，就是因為葉子中的葉綠素吸收掉光線中大部分的紅光，而將綠色光反射出來。

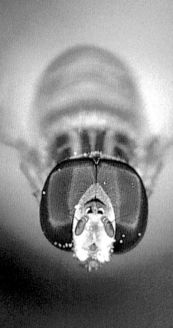

一隻虻像郵差一樣帶著花粉從一朵花飛至另一朵花，為植物進行
授粉的工作。由於與動物合作，使授粉工作更專一而有效率。

穗花蛇菰寄生於樹木的根部，開花時造型奇特的橘
紅色花朵伸出土面，不知在等待何種授粉者？

花粉

一隻在胸部背面沾滿白色花粉的熊蜂,正嘗試飛入另一朵花中。

毛地黃歸化於中海拔山區，每年四、五月開花。

菲律賓玉葉金花的一片花萼特別膨大，顏色豔麗以幫助吸引授粉者。

相思樹開花期，滿樹黃花，特別鮮明醒目。

火炬刺桐的鮮紅色花朵，吸引綠繡眼來吸蜜。

聖誕紅花序基部的紅
色苞葉，可以協助吸
引授粉者。

藤蜂帶著滿身花粉從木槿花上飛起。

構樹是靠風力傳布花粉，不必吸引授粉者，因此毫不顯眼。

　　花的顏色通常是由分布於組織細胞中的許多不同色素混合來決定，主要由花青素、葉黃素以及胡蘿蔔素所構成，色素是以溶解狀態或小顆粒分布在花瓣上，不同的色素混合、酸鹼度的不同都會產生不同的顏色。花青素在細胞質是酸性的情況下呈紅色，而在鹼性情況下則呈藍色。胡蘿蔔素及葉黃素因濃度不同產生橙到黃色，旅人蕉科的天堂鳥花上的橘紅色部份，主要就是由胡蘿蔔素所構成。洋繡球種植在酸性土壤花朵會呈紅色，種在鹼性土壤則呈藍色。

　　除了色素之外，花本身構造上的變化也會影響色彩。一些花會在花瓣的細胞間產生細小的氣室，將光線反射出去而產生白

毛地黃在鐘形花冠內有一連串深色的色素塊，稱為蜜源標誌，可以引導授粉者進入尋找花瓣和蜜腺。

色；一些菫菜屬植物會形成圓錐狀的表皮細胞，捕捉光線而產生黑色。大岩桐的花瓣表面有許多乳狀凸起，可以捕捉入射的光線，形成像絨布一樣的深色效果以吸引授粉者。

植物之所以會產生如此多樣的色彩，主要就是爲迎合授粉者對顏色的喜好，像蜂喜歡黃色和藍色，許多以蜂類爲授粉者的唇形科、豆科、玄參科植物便開著黃色或藍色的花。鳥類喜歡紅色，所以由鳥類傳粉的鳳梨科、旅人蕉科植物也多開著紅色或橘紅色的花。

除了形成花朵的顏色之外，某些花更具有一些特殊的色素標誌，有如交通號誌一樣引導著授粉者，能夠找到深藏在花內的蜜腺及花蕊的位置。這些特殊的色素區域稱爲「蜜源標誌」，特別是靠蜂傳粉的花特別明顯。像前面介紹過歸化於台灣山地的毛地黃，在其粉紅色鐘形花冠上具有一連串的深色的色素塊，可以引導授粉者深入花冠找到花蜜及花蕊，就是很好的例子。然而不見得所有的蜜源標誌都是可見的，昆蟲能感受人類所不能感受的紫外光，所以有些蜜源標誌也是肉眼所無法看見的。像一種香葉草科植物在花瓣邊緣能反射紫外線，中心能吸收紫外線，如此形成深淺不同的區域，以吸引對紫外光有感受力的授粉者。

花如何吸引授粉者（二）花的氣味【芝蘭、鮑魚各有所好】

人對不同氣味的喜好各有不同，不同的授粉者，對氣味有著不同的喜好，植物也會開出不同氣味的花朵，以吸引特定的授粉者。像蒼蠅喜歡肉類腐敗的味道，許多蝴蝶喜歡發酵的水果味。以蒼蠅為授粉者的花，就會放出腐臭的味道。

夜間視線不佳，氣味對於夜行性的動物尤其重要，牠們往往需要氣味的指引，才能找到花朵所在的位置。所以，一些夜間開放的花會放出濃郁的香氣，以便授粉者在很遠的地方，就可以找到花朵的位置。

除了吸引授粉者之外，氣味也有標記的功能。授粉者可以藉氣味的辨識，以專注於某一種類的花，不必浪費時間在不同的花上，摸索不同的蜜腺位置，可以提高其採蜜的速度與效率。植物也可將花粉做最大效益的利用，不會浪費花粉在不同的植物上，甚至產生自然雜交種。

授粉者能很快學習到花色、氣味、花粉、花蜜等報酬的關聯性。不同的植物為了避免競爭，會在一天不同的時間開放，像蜜蜂經實驗證明對花色及氣味具有記憶性，會在適當的時間，飛到不同的植物上採蜜，這樣就能在一天中替許多植物完成授粉的工作。

花朵的氣味，以人類的觀點而言，有所謂芳香及難聞之分。芳香的花具有揮發性的芳香族醇類、酮類及酯類化合物，加以蒸餾後可做為香水的原料。難聞的氣味則來自胺類化合物，主要是吸引喜歡腐臭味的甲蟲、蒼蠅，像產於熱帶天南星科的海芋會在夜間開

蒼蠅喜歡強烈的氣味,繖形科的茴香有非常強烈的氣味及外露的蜜腺,吸引許多蒼蠅前來吸蜜並為其授粉。

姑婆芋花穗外的佛焰苞，像不像一把雨傘，替花穗遮風避雨？中央外露的是其附屬物。

姑婆芋的花會放出氣味，吸引許多蠅類前來聚集。

放，同時放出臭味以吸引甲蟲前來傳粉。

　　台灣低海拔山坡地極爲常見的姑婆芋，屬於多年生的草本植物，也是天南星科家族的一員。開花期會從莖上開出一個帶有雌花及雄花的佛焰花序，頂端細長而呈黃白色是附屬物，具有散發氣味及誘引授粉者的功用。雄花位於花軸中端，雌花位於最下端，兩者間有一不孕部分，佛焰苞像狹隘的瓶頸，將不孕部分圍

夜間開放的花主要由蛾類或蝙蝠為其授粉，蝦殼天蛾正伸出細長的口器
深入文珠蘭的花中吸蜜，請注意其口器必須伸到多長才能吸到花蜜。

夜間開花的植物以曇花最為大家所熟悉，黃昏時開放，到半夜就凋謝了，所以才有「曇花一現」的成語。

穗花棋盤腳產於台灣東北角及墾丁一帶，是稀有的海岸植物，夜間開花時帶有特殊香味，花朵到早晨即凋謝，據記載是由蝙蝠為其授粉。

產於墾丁一帶的棋盤腳樹在夜間開花，花朵碩大，到早晨即凋謝，雅美族人將其視為不吉祥的鬼樹。

住，將雌、雄花區隔開來以避免自花授粉。花序頂端的附屬物會放出特殊的臭味，吸引許多黑色、細小的蠅類聚集。佛焰苞就像一把雨傘，替這些蒼蠅遮風避雨，同時附屬物所產生的粉狀營養物供蒼蠅食用。這些小昆蟲在進食的同時，身上也沾到了花粉，當花朵逐漸凋謝，蒼蠅就飛到另一個花序，替姑婆芋達成授粉的任務。

一種產於南非的魔星花，是欺騙、吸引蠅類的絕佳高手。魔

魔星花藉模仿腐臭的動物皮肉，吸引蒼蠅來為其授粉。

星花為了吸引蒼蠅前來授粉，其花瓣形成革質、表面粗糙、具有模仿動物毛皮的花紋及白色毛髮，同時會放出肉類腐爛的臭味，因而有屍體花之稱。雌性的蒼蠅會誤以為是腐肉，會飛到花上產卵，同時也完成替花授粉的工作，蛆蟲孵化後反而得不到適當的食物而餓死。

另外一些蘭花則是由假交配的方法達到授粉的目地，這些花的顏色及形狀非常像特定蜂類的雌蜂，同時會放出類似性費洛蒙的物質以吸引雄蜂，雄蜂誤認蘭花為雌蜂，嘗識著與其交配，但卻徒勞無功，蘭花卻因而完成授粉。

現在我們來看看一些夜間開放的花，像庭院中常見的仙人掌

花與授粉的觀察事典

108

芒果的花上聚集許多飛來吸食花蜜的蒼蠅

蒼蠅是芒果的主要授粉昆蟲

月見草產於北美，在黃昏時開花。

科的曇花、三角柱仙人掌；茄科的夜香木、錦葵科的月見草，以及原生於恆春一帶熱帶海岸的棋盤腳、穗花棋盤腳是如何吸引授粉者的。當夜幕低垂，天色漸漸變暗時，也是這些花朵開放的時候。

　　白色的花瓣在夜間是最為明顯的顏色，同時會放出非常濃郁的氣味。在夜間，花朵的氣味遠比顏色更為重要，授粉者可以從很遠的地方，就可聞到味道而找到花朵。讀者們可以想想哪些動物會在夜晚出沒？當然是夜行性的蛾類和蝙蝠了！在澳洲及南非也有一些夜行性的鼠類及小型哺乳動物，伴演著授粉者的角色。

花如何吸引授粉者（三）花粉、花蜜【授粉的報酬】

10

110

聖誕花紅色花瓣的部分其實是由葉子變態而成，真正的花是位於中央部分。

　　授粉者在花間飛舞完全是爲自我生存的理由，也就是獲得生存所必須的物質，其中最重要的就是獲得花粉、花蜜。花粉除了具有雄性生殖細胞外，也具有多量的蛋白質、醣類、脂肪、維生素、胺基酸等，是非常營養而豐富的食物。

　　植物通常會產生大量的花粉供授粉者食用。花蜜也是一種很理想的報酬，它的主要成份爲葡萄糖、蔗

糖、胺基酸和油脂類的混合物。植物很容易經由光合作用的產物製造，量也可以控制，授粉者只要花費很少的能量，就可以吸收利用。對於完全依靠花粉花蜜維生的蜜蜂、蝴蝶來說，花粉、花蜜更是能量的唯一來源。

花蜜是如何產生的呢？有一種說法是認為幼年期的植物組織，需要大量的醣類及生長物質以維持旺盛的生長，當進入成熟期，生長減緩下來，產生暫時性的醣份累積，植物就會產生一種特殊的構造——蜜腺來加以排除。至今仍可以在薔薇科櫻屬植物葉片基部看到這種構造，植物就利用這些多餘的醣份，與授粉者建立起共生的關係。台灣山坡地常見的野桐，在每片葉片基部都有兩個蜜腺，吸引螞蟻來吸蜜，螞蟻則保護野桐不被其他昆蟲啃食，形成另一種特殊的共生現象。

經過長時間演化之後，蜜腺在花朵中的位置與花朵的形狀，也因授粉者的篩選，有了不同的演化方向，有些形成極為複雜的構造，藉以篩選特定的授粉者進入，進而排除其他的動物。像蝶、蛾傳粉的花會形成細長的筒狀，口器不夠長的昆蟲根本到不了花蜜所在的位置。而有些則產生容易到達的花朵及外露的蜜腺，以吸引許多不同種類的昆蟲，像繖形花科、菊科、忍冬科植

大群螞蟻爬進聖誕花的蜜腺吸取花蜜，大快朵頤一番。

聖誕花花序特寫。聖誕花的花序由一朵雌花與數朵雄花共同
組成，稱為大戟花序，在花序外緣有一黃色大型蜜腺。

一隻烏鴉鳳蝶正在吸取冇骨消蜜腺中的花蜜。冇骨消是非常好的誘蝶植物，在花序中有許多橘紅色的獨立杯狀蜜腺，吸引了大群昆蟲。

冇骨消除了花蜜外，也會產生多量的花粉供昆蟲食用。圖中的虻正在舔食花粉，虻身上攜帶的花粉可幫助授粉的工作。

螞蟻吸食冇骨消的橘紅色蜜腺。

冇骨消吸引了大批鳳蝶。

物為其中的代表。牠們通常由許多小花，形成大型、平坦且明顯的花序，在花上可以找到像蜜蜂、胡蜂、蒼蠅、甲蟲等不同種類的昆蟲吸蜜。

此外，花蜜的量與濃度也必須與授粉者間保持平衡，花蜜的量太多，授粉者吃飽後，就懶得到其他的花朵上採蜜並傳粉，使異花授粉的效率大打折扣。若花蜜太少，則授粉者根本不屑一顧。

靠鳥類傳粉的花所產生的花蜜，份量多但相當稀薄，含醣量大約只有百分之二十到三十之間，因為鳥類無法吸取太濃的花蜜。而某些蜂類傳粉的花，花蜜濃度可高達百分之七十，授粉者必須用唾液先行稀釋後，才能吸收。

蜜腺的位置通常是位於花朵內部，然而像大戟科的聖誕花、麒麟花、忍冬科的有骨消，卻有著大型且獨立的蜜腺，這些蜜腺都具有鮮明的色彩以吸引授粉者。當昆蟲在花朵間爬行尋找蜜腺時，就協助了授粉的工作，在這些植物開花時，最容易觀察到不同種動物的吸蜜行為。

有骨消獨特而漂亮的蜜腺，也吸引雜食性的虎頭蜂前來吸蜜

野桐葉子基部有兩個蜜腺，可以提供螞蟻食物，螞蟻則保護野桐以為回報。

短型雄蕊

長型雄蕊

雌蕊

阿勃勒花顯示兩種不同的雄蕊，位於中央的肥短，位於下方的
細長且向內彎曲，綠色的雌蕊也呈細長彎曲狀，為何阿勃勒要
長出兩種不同的雄蕊，對於授粉又有何助益？真是耐人尋味。

藤蜂正要降落在阿勃勒長短雄蕊形成的空間中。

一隻藤蜂飛到阿勃勒的花上採集肥短雄蕊的花粉，細長雄蕊的基部受到壓力向內彎曲，將黃色的花粉灑在蜂的背部。

當藤蜂飛到另一朵花採粉時，同樣的原理使雌蕊的柱頭向內彎，接觸到蜂背上的花粉，完成授粉的工作。

馬鞍藤的花早上開放時，蜜蜂爬入花蕊採粉。

帶著這麼多花粉，是否還能飛行？真是令人擔心！

海邊最美麗的花—馬鞍藤。

麒麟花屬於大戟科，莖幹上有銳刺。

麒麟花其花序外圍有五個長形的蜜腺，
一隻蒼蠅飛來舐食花蜜。

開花期的阿勃勒,一片黃色的花海煞是美麗。

　　花粉包含了雄性的生殖細胞,但同時又是授粉者的食物報
酬。為了降低珍貴的生殖細胞損失,一些植物就產生不同的雄
蕊,生產不同的花粉來應付這兩種需求,我們以豆科的阿勃勒花
朵構造來作一說明。阿勃勒是常見的觀賞樹木,在每年的夏季開
花,滿樹金黃色的花朵搖曳生姿,令人心曠神宜;因此贏得「金
色的雨」的美妙稱號。阿勃勒的花具有五片黃色的花瓣,最特別

野牡丹的花與阿勃勒一樣，具有長短不同的雄蕊。

的是中央有兩種長短不同的雄蕊：一種是肥肥短短的，另一種是細長而向內彎曲；綠色的雌蕊也呈細長向內彎的型式。筆者在唸書時，就對阿勃勒為何要產生長短不同的雄蕊，百思不解，直至觀察到其授粉過程才恍然大悟！原來阿勃勒短的雄蕊，產生的花粉是不孕性；或是萌發力較低的花粉，是專門提供花粉，給授粉者食用。

　　長的雄蕊，產生具有正常生殖力的花粉。當藤蜂等大型蜂類飛到花上，採取短雄蕊的花粉時，就會壓迫到長雄蕊向內彎，將花粉灑在蜂胸部及腹部的背面上；當蜂飛到另一朵花上採花粉時，相同的原理使雌蕊向內伸，接觸到昆蟲背部的花粉，完成授粉的工作。在野牡丹科的花上也看到同樣的設計。從這樣的觀察中，發現大自然設計的精巧，實在令人讚嘆。而從觀察中發現答案，才是野外觀察最有樂趣的地方！

花的排列——花朵之間的合作

花朵在枝條上排列的位置及順序稱為花序。有些花是單獨一朵開放，像荷花、睡蓮稱為單頂花序；有些像金魚草、一串紅則是在一個枝條上，有許多朵花聚生在一起，形成複雜的花序。

在花序中的花朵，其開花與結果時期各不相同。單一朵開放的花通常大而明顯，具有多量的花蜜，授粉後可得多量的種子。聚生在一起的花朵通常較小，每一朵花的花蜜也較少。授粉者雖然不必花費大量的能量在找尋花朵上，但為了獲取足夠的花蜜，也只有耐心地到每一朵花上尋找花蜜，同時替每一朵花完成授粉的工作。

聚生的花朵之間也存在著互動與規律的關係。有些聚生在一起，形成特殊的形狀，以方便授粉者停留，有些更會開出不同的花朵，各自負擔不同的任務，如菊科與八仙花科會產生兩種不同的花，分工合作，分別擔任傳宗接代及吸引授粉者的任務。

菊科植物非常普遍，但菊科的花朵卻非常特別！菊花雖然從外表看似一朵花，其實是由許多小花密生、聚集在一起形成頭狀花序；位在中央小而不明顯的筒狀花，是屬於兩性花，具有雌、雄蕊，有正常的繁殖力。圍繞筒狀花周圍，大而明顯，顏色鮮豔，呈花瓣狀的是舌狀花。舌狀花通常只具有退化不孕性的雌蕊，無法正常產生種子，其主要功用在於吸引授粉者前來。

菊科植物的花上常可看到各種不同的昆蟲，一隻椿象正伸長口器進入鬼針草的筒狀花中吸蜜。

茴香也屬於繖形花科，同樣有外露的蜜腺，加上濃烈的氣味，吸引不少蒼蠅到花上吸蜜。

菊科植物的一朵花其實是由許多朵花構成的頭
狀花序。在外側的花瓣狀的是舌狀花，在中央
像花蕊的是筒狀花。圖為大花咸豐草。

菊科植物的一朵花其實是由許多
朵花所構成的頭狀花序。在外側
成花瓣狀的是舌狀花，在中央像
花蕊的則是筒狀花。一隻虻正在
舔食白晶菊的花粉。

蒼蠅也到濱防風的花上舔食花蜜。

黃腹鹿子蛾是少數在白天出現的蛾類，身上黃黑色的警戒色，是模仿兇悍的胡蜂以避免被掠食者攻擊，
這樣就可以痛快地在麥桿菊上吸蜜。

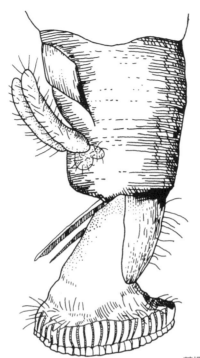

蒼蠅的口器

紅螢吸食在濱防風的花蜜。

濱防風屬於繖形花科，只有少數分布在台灣的北部海岸，春天會開出白色的小花，花的蜜腺外露極易取得，所以會吸引大量的昆蟲到花上吸蜜。

華八仙屬於八仙花科,也具有華麗、明顯的不孕性花。

八仙花科高山藤繡球的花朵中，也同時具有具繁殖能力的兩性花與無繁殖能力的無性花。兩性花很小，不孕性花的萼片大而明顯，能吸引遠處的授粉者，其作用與菊科的舌狀花非常類似。

高山藤繡球產於台灣中海拔地區，在花序邊緣有一些大而明顯的無性花，真正具有繁殖能力的花，位於中央，小而不明顯。

繖形花科花是典型的繖形花序，花雖小但極為密集。圖為當歸屬的花序，吸引大群蒼蠅及虻聚集。

紋白蝶正伸出細長的口器,到菊科的百日草筒狀花中吸蜜。

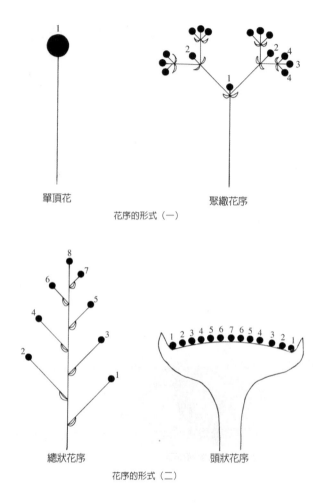

單頂花　　　　　　　　　　　　聚繖花序

花序的形式（一）

總狀花序　　　　　　　　　頭狀花序

花序的形式（二）

　　花朵聚生在一起也有一些好處。我們曾談到許多植物花朵與
授粉者經由共同演化，形成親密而專一的授粉關係，但這種關係
卻也存在著危險，當這兩者之間有一種消失時，另一種也有滅絕
的危險。許多植物因此產生另類思考，產生明顯外露的蜜腺，容
易取得的花粉，以吸引各種不同的授粉者。像這類植物的花朵通

荷花在每一枝上只開一朵花，稱為單頂花序。

常會形成明顯且平坦的花序，像菊科、忍冬科、繖形花科植物都是典型的例子。我們可以發現許多不同種類的昆蟲，像是蜜蜂、胡蜂、蝴蝶、蒼蠅、虻甚至甲蟲等，在這些植物的花上吸蜜。像蒼蠅及虻的口器都很短，無法從一些特化的花朵中取得花粉花蜜，所以只能到這些開放式的花上取得食物。

蜂與蜂媒花

嗡……嗡……嗡……，一隻蜜蜂正從花中飛出，帶著花粉飛回巢中，這在野外是再普遍不過的情景，但卻非常有趣且值得深入觀察！

蜜蜂是社會性的昆蟲，在昆蟲的演化史上，蜜蜂出現的相當晚，蜜蜂也是為花朵傳粉的昆蟲中最為進化的種類。最早蜜蜂約在四千萬年前出現，到三千萬年前，蜜蜂的社會形態即已非常完備。

為了收集花粉、花蜜，蜜蜂在身體上演化出許多特化的構造，像是身體上密被細毛以吸附花粉，後足上有特化的花粉梳，將附在身上的花粉集中到後肢的

蜜蜂是非常有效率的授粉者，一隻蜜蜂正在百日草上吸蜜及收集花粉。

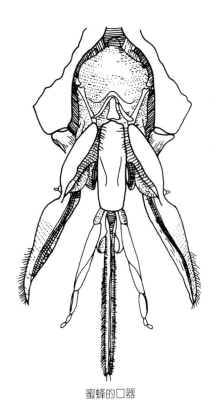

蜜蜂的口器

花粉籃內。工蜂的咀吸式口器除了可咀嚼花粉，也可吸吮花蜜進入體內的蜜胃儲藏，再帶回蜂巢，經過脫水等過程，釀成美味可口的蜂蜜。

令人驚訝的是，電也在蜜蜂收集花粉的工作中伴演很重要的角色。當蜜蜂在飛行時，由於翅膀與空氣的摩擦而產生靜電，因此蜜蜂是在自己造成的靜電場中飛行。一般花粉通常帶負電，當蜜蜂飛到花朵上時，花粉受到靜電的吸引被吸附到蜜蜂身上。科學實驗證明，花粉可以跳過1公分的距離，跑到蜜蜂身上，使蜜蜂的花粉收集能力大為增加。

145

柳穿魚屬於玄參科，與金魚草的花冠
類似，在下方的花冠形成降落平台，
供蜜蜂停留。

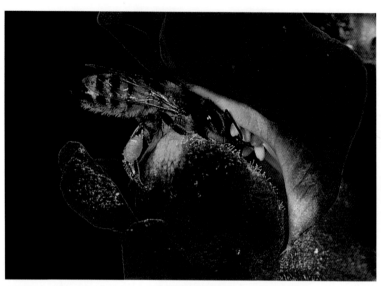

金魚草的花冠鑷合成緊密的唇形，花蕊深藏於鐘形的花冠中，中間只有一個緊密的開口，只有力量強大、技巧高超的蜜蜂才有辦法鑽入為其授粉。其他昆蟲恐怕只有望花興嘆了！

金魚草是常見的觀賞花卉，花朵形成非常特殊的形狀。

一串紅。

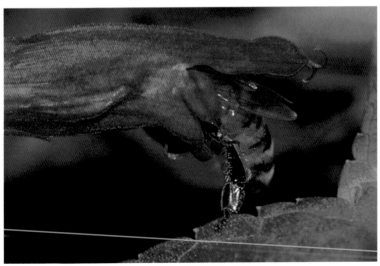

一串紅屬於唇形科，其花冠形成左右對稱的長管狀，花冠下方裂片形成降落平台，都是為了蜂類授粉而產生的特化構造。蜜蜂必須爬行很長一段距離，才能到達花蜜所在的位置。

熊蜂個體較蜜蜂為大，身上的絨毛也較長，具有能攜帶花粉的花粉藍。由於熊蜂較蜜蜂耐寒，所以許多像黃菀之類的高山植物，都是靠熊蜂為主要授粉者。

屬於爵床科的小蝦花雖然與一串紅花色不同，但花朵的形狀卻非常類似。

野生的蜜蜂在樹洞中築巢。

熊蜂也是毛地黃的主要授粉者。

熊蜂正為玉山龍膽授粉。

玉山龍膽是高山夏季花卉的主角之一。

　　蜜蜂除了在身體上產生特化的構造，也具有相當複雜的社會
行為，在一個彼此分工的社會中，成員間彼此的溝通非常重要。
蜜蜂與同伴間如何溝通？怎麼告訴同伴何處可採集到花蜜？這都
是非常有趣的問題。

　　原來蜜蜂是由肢體語言（跳舞）及氣味來傳達訊息。當一隻
斥候蜂發現一群盛開的花朵時，便飛回巢中，以不斷搖擺的方式
告訴其他同伴。在花朵距巢九十到一百公尺之內，斥候蜂就會繞

圈跳所謂的圓舞；而當蜜源超過一百公尺時，斥候蜂就會跳八字舞來告訴同伴。這種繞圈的形狀就像阿拉伯數字的8，蜜蜂先搖擺尾巴繞半圈，然後在相反方向再繞另一半圈。8字形中央直線的角度正好與太陽與花朵的角度相同，這樣就指示了花朵的方向。

　　除了肢體語言外，蜜蜂也會記憶斥候蜂身上殘留的花香，以便在飛行時尋找相同的氣味。這樣蜜蜂在拜訪了一種花朵後，就會記憶這種花的花朵形狀、花色、氣味，以及開放的時間。由於花朵間開放的時間會彼此錯開，這樣牠們便可建立一個採集食物的行程表，也就是在一天內何時到特定的花朵上採蜜。

　　蜜蜂喜歡到那些花朵上採蜜呢？那些花又是依靠蜜蜂來傳粉的呢？靠蜂類傳粉的植物約與蜂類同時出現，這些植物的花朵都具有高度特化的構造，像玄參科、唇形科、蝶形花科、蘭科植物大多是依靠蜂類為其傳粉。這些花都呈左右對稱排列，花藥數減少，花瓣的下緣會形成凸出的著陸平台，供蜂類降落。多數靠蜂類傳粉的花具有蜜源標記，以引導蜂進入花蜜所在的位置。蜜蜂喜歡藍色及黃色，所以這些花朵多數也是開著黃、藍色的花。

　　蜜蜂幫助農作物授粉，對農業有很大的貢獻。像一些溫室草莓，就會放入蜂箱以幫助授粉、結實。由蜜蜂辛苦收集、苦心釀製的蜂蜜，更是人類的美味珍饈。所以蜜蜂可稱得上是對人類貢獻最大的昆蟲。

蝶與蛾

蝶與蛾都屬於鱗翅目，牠們都是非常重要的授粉動物。在台灣約有四百多種美麗的蝴蝶，蛾類則多達三千多種。有許多種類的蝶或蛾必須依靠花蜜為能量的唯一來源。為了吸蜜，蝶、蛾類演化出許多特化的身體構造，由牠們授粉的花也會產生相對應的配合。

13

154

天蛾通常在黃昏時開始出現，與蝴蝶不同的是，牠通常以懸停的方式，快速地在空中移動及暫停，同時伸出細長的口器吸取花蜜。圖中的植物為馬纓丹。

蝶蛾類共同的特性，是具有很好的視覺與嗅覺，以及細長的曲管式口器。吸蜜時，曲管式口器可以伸得很長，不用時就像鐘錶的彈簧一樣捲曲起來。蝴蝶與蛾在行為上最大的不同點是，蝴蝶多數是白天出來覓食，通常是停棲在花朵上吸蜜；蛾類則是晚間出沒，天蛾類則是以在空中懸停的方式吸蜜。

為了配合蝶與蛾不同的活動時間，自然靠蝶與蛾授粉的花也在不同的時間開放。如前面夜間開放的花所述，靠蛾類傳粉的花通常是白色或非常淺的顏色，具有很濃的香味；花冠形成細長的筒狀，花蜜通常儲藏在細長的花距內，以配合蛾類細長的口器，而排除其他口器不夠長的動物。

在馬達加斯加島上有一種花距長達四十公分以上的蘭花，發現演化論的達爾文就曾預言牠的授粉動物（可能是天蛾）一定有這樣長的口器，當時的科學家都認為不可置信。然而在達爾文預測的四十年後，真的找到這種具有驚人長口器的天蛾。

馬纓丹與伸出細長口器吸取花蜜的天蛾。

陽明山蝴蝶花廊，菊科澤蘭屬的植物吸引了大群蝴蝶來吸蜜。

屬於馬鞭草科的金露花是很適合誘蝶的植物，一隻天蛾很罕見地在白天出來覓食花蜜。

一隻大鳳蝶正在仙丹花上吸蜜。仙丹花是標準由蝶類傳粉的植物，花朵聚生在一起，形成供蝴蝶降落的平台，在花冠的基部分泌出許多花蜜，而細長的花冠可以阻隔其他口器不夠長的動物。

將仙丹花花冠割去，可見到在花冠基部分泌出的
花蜜。

仙丹花的雌蕊及雄蕊
都露出於花冠外，這
樣當蝴蝶將頭部伸進
花冠，吸取花冠基部
的花蜜時，接觸到花
蕊而幫助授粉。

長喙天蛾通常在黃昏時出來覓食。

蝴蝶正將細長的曲管式口器伸進馬纓丹細長的花冠中吸蜜。馬
纓丹屬馬鞭草科，也是一種很好的誘蝶植物。

紋白蝶正在吸食郁李花蜜。

長穗木是恆春一帶很常見的誘蝶植物，具有細長的花冠。

黑點大白斑蝶是恆春附近的特產，很喜歡停棲在長穗木上。

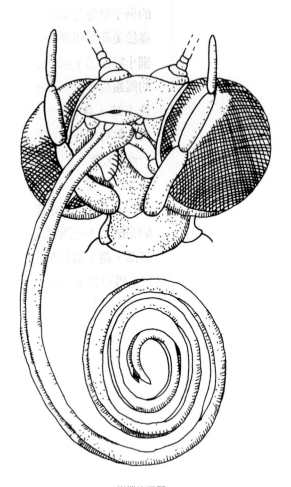

蝴蝶的口器

龍舌蘭科的王蘭是靠特殊的王蘭蛾為其授粉，王蘭引入台灣後因缺乏授粉者，以致無法結實。

靠蛾類傳粉的植物，極為出名的例子是龍舌蘭科的王蘭。王蘭原產於美洲墨西哥一帶，專門靠一種細小純白的王蘭蛾授粉。當王蘭蛾的雌蛾夜間飛到正在盛開的王蘭花朵上時，會有一些非常特別的行為。牠會先收集雄蕊的花粉，形成一個花粉團，將其放置於雌蕊頂端中空的柱頭內，替王蘭完成授粉的工作。接著王蘭蛾就要來收取工作的報酬了！王蘭蛾接著移到雌蕊的基部，產下牠的卵，牠的幼蟲就專靠王蘭的幼嫩種子為食，雖然王蘭蛾消耗了一些種子，但總有一些種子會成熟，兩者間形成親密的共生關係。

在台灣，王蘭是很常見的觀賞樹木，但因為缺乏為其授粉的王蘭蛾，所以都未見結種子，這也是許多觀賞植物由國外引入後，無法順利產生種子的原因。

蝴蝶與蛾類不同，牠們喜歡在白天出沒，因此靠蝴蝶授粉的花都在白天開放，具有鮮豔的色彩；同樣會產生細長的花冠，會產生多量的花蜜以滿足蝴蝶的需要；花朵會聚集形成一個大而平坦的降落平台，以方便蝴蝶在上面行走。馬纓丹、蓮生桂子花（馬利筋）、菊科的澤蘭、茜草科的仙丹花、繁星花，都是標準靠蝴蝶授粉的植物。若能在風景區或森林遊樂區，再多種植這類蜜源豐富的植物，吸引許多美麗的蝴蝶前來吸蜜，亦不失為招攬遊客的好方法！

花與授粉者的共同演化【愛玉與愛玉小蜂間的共生關係】

當兩種生物在生活史中互相影響時，一種生物由演化所產生的改變，會引導另一種生物跟著改變，使兩者之間更能適應對方，這種演化的方式稱為共同演化。

顯花植物與授粉者之間的共同演化，會導引植物只由專一的授粉者為其傳粉，形成相互依賴的共生型式，這證據早在一億年前白堊紀的化石中就已存在。共同演化的結果，往往使植物與授粉者間產生令人難以置信的依存關係。共同演化的例子中，最著名的就是桑科榕屬與小蜂科間的共生關係。

榕屬植物廣泛分布於熱帶及亞熱帶地區，台灣共有40餘種，榕樹就是其中常見的代表。榕屬的花序為

愛玉是常綠的大藤本。

隱頭花序，俗稱無花果。它是由膨大而內凹的花托，包裹著成千上萬朵小花所組成。隱頭花序只靠尾端的小孔與外界相通，故無法由風力或普通昆蟲來傳粉，只能靠一種非常細小的小蜂，在特定時間內由小孔鑽入幫助授粉。

愛玉雌果中的長花柱雌花，由於花柱細長且緊密排列，所以會阻止愛玉小蜂在雌花的子房中產卵。

愛玉隱花果長約十到十五公分，表面有許多白色的斑點。從左至右為愛玉完全熟後的紫紅色雌果，果皮仍呈青綠色的雌果及雄果，從外表無法區別果實的雌雄。

雌性瘦果

蟲癭花

雄花

尾部的開口

將果實剖開後，在雌性隱花果中只有雌花形成的小瘦果，在雄果中則有靠近果實尾端的雄花，與退化雌花形成的蟲癭花。

雄果中的蟲癭花特寫。蟲癭花為退化的雌花，無法生育，具有短的花柱，所以愛玉小蜂可順利將產卵管插入子房產卵。

蟲癭花發育到後期，子房逐漸變為黑色，每一朵蟲癭花的子房中，都住著一隻愛玉小蜂的幼蟲。

上圖：愛玉小蜂的雄蜂身長
約兩公釐，由於不需要飛
行，所以翅膀退化，眼睛全
盲，而腳及交尾器發達，以
便在全黑的環境中爬行及與
雌蜂交配。

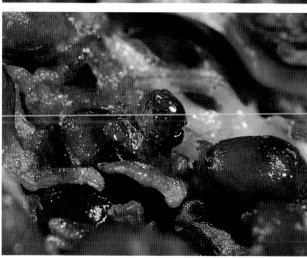

左圖：當雄蜂找到雌蜂居住
的蟲癭花後，會在壁上鑽一
個洞，將交尾器伸入與雌蜂
交配。

不同種的榕屬植物，也必須由不同種類的小蜂為其授粉，形成密切又專一的共生關係。榕屬植物給小蜂授粉的報酬，是在隱花果內產生特化的退化雌花，有人稱為蟲癭花，提供小蜂產卵繁殖後代。我們就以常吃的愛玉與愛玉小蜂，來解釋這種植物與授粉者間親密的關係。

愛玉是屬於桑科榕屬的大型藤本植物，我們常吃的愛玉凍就是由愛玉果實洗出凝膠而成。以往愛玉都是由野生採集而來，但隨著山地開發及爬樹採集愛玉的高危險性，現在已逐漸推廣使用人工栽培，嘉義、南投、高雄縣都有種植。

愛玉是雌雄異株，雌株結雌果，雄株結雄果，但是從植物外觀及果實外表均難以判斷其性別。愛玉由多數小花聚生在花托內，形成隱頭花序，又稱為隱花果。外表布滿白色斑點。雌雄隱花果尾端都有一細小的開口，這也是日後愛玉小蜂進出的通道。

在雌性隱花果內長滿了上萬朵的雌花，具有細長的花柱。雄性隱花果內開有蟲癭花及雄花兩種不同的花朵，蟲癭花是一種退化的雌花，具有肥短的花柱，會產生花粉的雄花則位於尾端開口內側周圍。

雌蜂正從雄花區爬過，接觸到雄蕊，將花粉由隱花果中帶出。

雌蜂從蟲癭花中羽化而出，雌蜂身體為黑色且有完整的翅膀及眼睛。

隱花果尾端的小孔，是雌蜂進出的管道。

雌性隱花果中的雌花，經雌蜂授粉後所結出的小瘦果。

將採收的雌果剝皮曬乾，就成了做愛玉凍的原料。

愛玉果實尾端內部布滿螺旋形的苞片，雌蜂就是從這個通道飛出。

榕樹的隱花果。

榕樹是由榕小蜂來進行傳粉的工作。

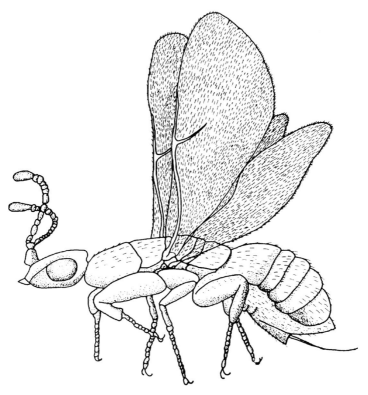

愛玉小蜂的雌蜂

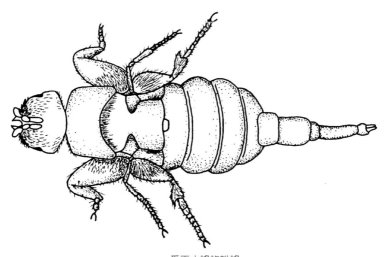

愛玉小蜂的雄蜂

愛玉採收後要加以切開、剝皮、曝曬。

　　在每年五、六月間愛玉的雄果成熟時，從雄性果實尾端的孔口，會釋放出成千上萬帶著花粉的雌性愛玉小蜂。這種情況非常有趣，飛出的愛玉雌蜂會尋找正在開花的雄性隱花果產卵。

　　由於愛玉雌、雄果在外表上無法區別，所以雌蜂只好用嘗試錯誤的方法找適當的隱花果產卵。當雌蜂錯誤的找上雌性隱花果，並由孔口進入並試圖在雌花上產卵。但因為雌花具有長的花柱阻擋了雌蜂，讓雌蜂無法順利伸出產卵管到子房內產卵。然雌蜂身上帶的花粉卻在試圖產卵的過程中接觸到雌花的柱頭，替雌花完成授粉的工作。雌花成熟時會形成無數細小的果實，當隱花果裂開，這些細小的果實掉到地上或由其他動物傳播，萌芽長成新一代的植株。

　　當另一隻雌蜂進入正在開放的雄果內，此時靠近孔口的雄花

尚未發育成熟，只有內部的蟲癭花正在開放。由於蟲癭花的花柱較短，雌蜂可順利在每一朵蟲癭花的子房內產下一個卵，孵化的幼蟲即以子房內的組織爲食物，雌小蜂在完成傳宗接代的任務後不久，就在雄果內死亡。

愛玉小蜂的幼蟲在蟲癭花內逐漸長大，在羽化成蟲時，雄性小蜂會先從蟲癭花側邊破殼而出，在黑暗中尋找雌性小蜂交配。當雄蜂找到雌蜂所住的蟲癭花時，會在旁邊咬一個小洞，隔著子房壁與從未見面的雌蜂交配。任務完成後雄蜂不久即死亡，一輩子都不離開其寄居的隱花果。

雌性小蜂在交配後已身懷六甲，但仍在蟲癭花內蟄伏不動。等二到四日後，雄花區的雄蕊成熟時，從蟲癭花中羽化，從隱花果前端的孔口爬出來。由於雄花正好位於雌蜂必經的路上，所以雌蜂爬出時，體內帶著自己的受精卵，體表帶著愛玉的花粉飛出果外。這時愛玉的族群會適時產生新一代的隱花果，以迎接小蜂來產卵（愛玉怎麼知道小蜂什麼時候會出來？至今仍是一個未解之謎！），重新開始新一代的生活史。雙方的各段時期必須配合得絲毫不差，環環相扣，只要中間有一環脫節，彼此都會造成滅絕的危險。這可算是植物與其粉授者間共同演化中最極端的例子了！

愛玉成熟的雌果採收後剝皮，內含的小瘦果曬乾後，就是製作愛玉凍的原料。雄株由於不具經濟價值，所以常被農民或山採者砍除，致使雌果常因授粉小蜂數量不足而造成空心、落果的現象。所以在人工栽培愛玉時應栽種部分雄株，好讓愛玉小蜂能不斷綿延。想想看，若沒有細小的愛玉小蜂來幫忙，我們就吃不到這麼可口的愛玉凍了！

鳥與鳥媒花

鳥類是大自然的舞姬！鳥類活潑好動、善於飛行的能力，使鳥類成為高效率的授粉者。根據統計，全世界約有兩千種以上的鳥類會以花粉、花蜜為食物，尤其在熱帶地區，鳥類是非常重要的授粉動物，由鳥類傳粉的植物約與靠昆蟲傳粉的一樣多。熱帶地區的植物，一年四季都會開花，提供鳥類源源不絕的食物來源。

蜂鳥是全世界最小的鳥類，特產於美洲，由於身上的羽毛會因光線的角度而反射出金屬般的亮麗光澤，所以又被稱為「飛行的珠寶」。

像蜂鳥科、啄花鳥科、太陽鳥科、繡眼科的鳥類，在嘴喙及舌頭長度及形狀都會產生特化，以便適合吸食花蜜。

在各種為植物授粉的鳥類中，大家最熟悉的莫過於蜂鳥了！蜂鳥只產於美洲，最小型的蜂鳥只有兩公克重，是全世界最小的鳥類。蜂鳥具有超強的飛行能力，能像直昇機一樣懸停在不停晃動的花朵前，偶爾還會做出旋轉、倒飛等特技動作。蜂鳥由於身上的羽毛會折射與反射出金屬般的光澤，所以又有人稱為「飛行的珠寶」。蜂鳥由於需要極大量的能量以維持生命，所以每天都必須拜訪數百甚至上千朵花收集花蜜，否則就會有餓死的危險。

為了能一睹神秘的蜂鳥，筆者曾遠赴中美洲的哥斯大黎加雨林，一探蜂鳥姿采。

走進中南美洲的熱帶雨林，你會驚訝的發現遍布林下的薑科、旅人蕉科、附生在樹上的鳳梨科植物間，都有蜂鳥不停地在花朵間盤旋吸蜜。蜂鳥會在森林中占據一小片花叢，作為自己獨享食物的領域，若有其他鳥類侵入，蜂鳥就會兇猛的將入侵者驅趕出去。

在東南亞的熱帶雨林中，太陽鳥、食蛛鳥、吸蜜鳥、啄花鳥也伴演相同的角色。這些以花蜜為主食的鳥

在中美洲熱帶雨林中，蜂鳥正在旅人蕉科的赫蕉花朵上吸蜜。

類都有細長的嘴喙，像吸管或刷子狀的舌頭，以便伸入花朵細長的花冠，並從花朵得到最多的花蜜。

在台灣吸食花蜜的鳥類當中，較常見到綠繡眼、冠羽畫眉、啄花鳥在花朵上吸蜜並傳布花粉。春夏交接的四、五月，是木棉與刺桐花開的時節，在樹下就可看到許多綠繡眼、白頭翁飛來吸蜜。

冬天山櫻花盛開的時節，滿樹的紅花會吸引許多鳥兒，令人驚豔！冠羽畫眉與綠繡眼也一群群在花上吸蜜及吃花粉。冠羽畫眉留著八字鬍與浪子頭，滑稽有趣的行為實在逗人發笑！這些鳥兒吃的滿頭滿腦的黃色花粉，同時對人類的警戒心會放鬆許多，有時候幾乎伸手可及，所以是很容易觀察的對象。

大部分鳥兒都在白天活動。鳥兒的視力很好，但嗅覺卻很差！（除了某些吃食腐肉的禿鷹外），鳥類可以偵測到紅色光，

但甲蟲類卻對紅色不敏感。所以以鳥類爲傳粉媒介的鳥媒花，爲了吸引鳥類光臨，演化成在白天開放、花色多爲紅色、不具有香味、花冠形成筒狀並於一側開裂，在花冠基部會分泌大量花蜜，以滿足鳥類高能量食物的需要。

在台灣對於鳥類傳粉的研究相當稀少，筆者曾經花了六年的時間，觀察啄花鳥科的紅胸啄花與綠啄花鳥。綠啄花鳥體長只有七公分，是台灣最小的鳥類。啄花鳥由於能替一類特殊的寄生植物——桑寄生授粉並傳布種子，與桑寄生科植物具有密切的共生關係，所以啄花鳥又稱爲「桑寄生鳥」。

某些種類的桑寄生是典型的鳥媒花。它們的花冠聯合成爲筒狀，長約一至二公分，頂端一側具有四片綠色反捲的裂片，與紅色的花冠形成強烈的對比。在花冠基部可分泌出很甜的花蜜，筆者曾經測量花蜜的糖度可達二十度，約與最甜的葡萄相等。雌蕊、雄蕊都凸出於花冠外，雌蕊在前，雄蕊在後，而且形成扇形，向著裂口的方向展開。這樣當鳥伸入花筒吸蜜時，花蕊便會接觸到鳥的額頭，將雄蕊的花粉帶走或替雌蕊授粉。只要桑寄生開花時，總可見到啄花鳥小巧玲瓏的可愛身影在樹間穿梭。

在東南亞的熱帶地區，太陽鳥正在羊蹄甲樹上尋找花蜜。

綠繡眼正在山櫻花上吸蜜。這些靠吸蜜為生的鳥都有著特化
的舌頭，以吸取最多的花蜜。

冠羽畫眉是台灣中海拔地區中數量最多的鳥類，
在冬季極易見到牠們一群群在山櫻花樹上。

山櫻花花朵特寫。

綠繡眼吸食木棉花蜜。

桑寄生。

桑寄生的花是標準的鳥媒花，花朵紅色，花冠形成筒形，並在一側具有開口，而花蕊則生長在花冠開口的相對位置，當鳥類從花冠開口吸蜜時，頭部會接觸到花蕊為其授粉。圖中授粉者為紅胸啄花鳥。

桑寄生屬於寄生植物，必須侵入別的植物體內，奪取部分生活所需的營養，開花時，鮮紅的花朵是吸引鳥類最好的標誌。

冠羽畫眉到桑寄生上吸蜜，頭部接觸到桑寄生的花蕊。

啄花鳥與桑寄生具有密切的共生關係，又稱為桑寄生鳥，台灣有兩種啄花鳥，是台灣最小型的鳥類，體長只有七公分。圖為紅胸啄花鳥的雄鳥。

紅胸啄花鳥的雌鳥，正在桑寄生的花朵上吸蜜並為其傳粉。

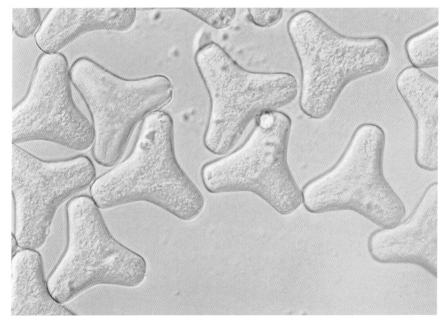

顯微鏡下桑寄生極為特殊的花粉形狀，像不像海邊的消波塊呢？

每年四、五月為刺桐盛開的時節，都可見到一群群綠繡眼到刺桐花上吸蜜。

原產於南美洲的金鳥赫蕉是標準的鳥媒花。

風媒花與水媒花

一些靠自然的力量來傳粉的植物，最常見且為數不少的就是靠風力授粉的風媒花了，像殼斗科、赤楊、桑科的構樹都是靠風力傳粉的。在這些「風媒花」中，讓我們第一個想到的就是禾本科植物。

談到風媒花就要談到兩種不同的狀況。在裸子植物中，我們提到原始的裸子植物是靠風力傳粉，這是因為裸子植物盛行的時代，沒有適當的授粉者，所以裸子植物只好以風力作為授粉媒介。

大片群生的甜根子草，靠風力傳粉的植物，不管是裸子植物的松、杉，或是被子植物的禾草，大都會緊密地聚生在一起，形成單一族群，這樣有利於花粉傳到柱頭上的機率。

台灣低海拔山地常見的菅芒草，也是風媒花的代表。

　　風力授粉是缺乏專一性及效率的，會浪費大量花粉；因此有些植物學者認為，風媒花是一種原始的授粉方式，直到顯花植物出現後，植物才慢慢轉向靠昆蟲及其他動物來授粉。

　　禾草是最晚才出現的顯花植物。為何顯花植物又走回以前裸子植物的老路呢？真是耐人尋味！別忘了禾草（禾本科植物）是現今最成功的植物種類，在陸地上只要有植物的地方就有禾草，可見風力還是很成功的授粉方式。

　　原先被子植物是靠昆蟲為傳粉的媒介，然而在五千萬年前，被子植物又有一些走回靠風力傳粉的老路。當然植物都會利用環境中最有利的方式為其授粉，因此，還是環境的因素，決定了植物的授粉媒介。怎樣的環境才適合風力授粉？靠風力傳粉的花有那些特徵呢？

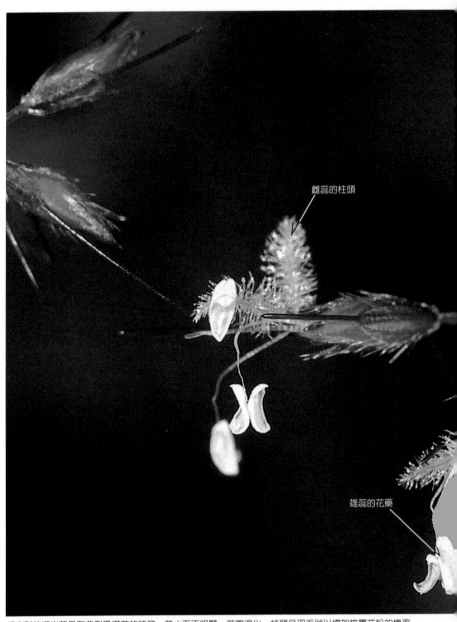

雌蕊的柱頭

雄蕊的花藥

禾本科的裘米草具有典型風媒花的特徵，花小而不明顯，花瓣退化，柱頭呈羽毛狀以增加接觸花粉的機率，
雄蕊呈X形，以便於花粉的釋放。

靠風力傳粉，首先該地區一定要有乾燥且經常性的微風吹拂。在熱帶雨林中濕度極高，且底層幾乎是無風的狀態，因此風力傳粉就變得很不切實際，因此，熱帶雨林中大部分的植物都是靠種類豐富的動物爲其授粉。

高山及靠近極區的寒帶植物，由於缺乏適當的授粉動物，因此許多就改採唯一可靠的風力來授粉。由於靠風力授粉，花朵越靠近越有利，所以這些植物像是針葉樹、禾草、赤楊，通常都會生長在開闊的地形，形成非常大、密集而單一的族群。赤楊還會在落葉期開花，這樣才不會有障礙物，妨礙花粉的散布。

靠風力傳粉的植物，在花朵的構造上都有明顯的特徵。因爲無須吸引授

玉米的雄花正隨風放出大量輕飄飄的花粉。

粉的昆蟲，所以風媒花的花朵都小且不明顯；這是因為寬大的花瓣會妨礙花粉的釋放，所以花瓣也退化成非常微小的殘跡。雄蕊凸出於花朵之外，而且花絲連接在雄蕊的中央呈X形，這種形狀最適於釋放花粉。由於花粉授粉成功的機率低於千分之一，所以必須產生大量的花粉（當你搖晃一棵正在開花的玉米時，包準會被飄散的黃色花粉落得滿頭都是）。

風媒花的花粉粒非常微小且不具黏性，所以花粉粒間不會黏成一團而妨礙傳布，有些花粉粒還帶有能幫助飛翔的氣囊。這些花朵都會在乾燥且有微風的天氣時，將花粉釋放出來，這樣花粉便可以隨著氣流，飄到鄰近花朵的雌蕊上。記錄上，花粉甚至可以隨著氣流，飄到五千公里以外的地區。

雌蕊為了捕捉這些花粉，柱頭通常都形成羽毛狀，以增加捕捉的面積。雖然如此，每一朵花能接受的花粉還是很有限，所以風媒花果實內的種子數目都很少（大都只有一至兩個）。

在禾本科中有一個非常特殊的族類，就是竹子。竹子通常歸類於禾本科下的竹亞科。竹子是開花間隔最長的顯花植物，從這次開花到下次要間隔20到30年，甚至更長。植物學者經過多年的努力，還是有許多竹子種類沒收集到花的標本。

竹子有一項特別的生理現象，就是開花後就會死亡。由於竹子很少開花，所以竹子的繁殖就要靠竹的地下莖（稱為竹鞭）切割下來種植。有趣的是，從同一叢地下莖分出的後代，不管分隔多遠，都會在同一時間開花死亡，好像冥冥中，造物者就在竹子的基因中安置了一個時鐘，時間一到，開花的基因開始作用，竹子就一起開花死亡。這種生理時鐘現象也是遺傳學者亟於解答有關老化與死亡的謎題。不過，在栽培竹子的過程中，若是營養不

高山芒產於高海拔地區，也會形成大片群落。

七星山、大屯山一帶的菅芒花海，配合著美麗的夕陽，是台灣八景之一。

竹花特寫。

陽明山國家公園內的包籜矢竹，因開花而大量枯死。

良，也會導致竹子開花，這時若能好好施肥、澆水，大部分的竹子可以挽救回來。

　　多年前中國四川的竹子大量開花死亡，造成靠竹子為主食的熊貓，大量飢餓而死，幾乎遭受滅絕的命運。台灣陽明山國家公園內的包籜矢竹，在西元2000年時也大量開花後死亡，至今仍無法恢復，遊客到陽明山後山就可以見到滿山枯黃的矢竹枯幹。

　　竹子開花是否就代表竹子的滅絕呢？其實不會，竹子開花後也會結果，俗稱竹米，可以食用。這些果實散落地上，重新發芽形成新一代的族群。

竹子開花後往往會死亡。

美洲苦草雌花的柱頭　　　　　　　　　美洲苦草雄花

　　水媒花與風媒花有著類似的特性，牠們都是靠自然的力量，而且也是高度的逢機性。就如同鯨魚的祖先是由陸地回到海洋，水生被子植物也是由陸生性的植物演化而來；牠們雖然生活在水中，但開花時大部分仍像陸生的老祖先一樣，將花朵伸出水面靠昆蟲來為其授粉，像荷花、睡蓮都是其中的代表。真正依賴水為媒介傳粉的水生被子植物事實上並不多，而台灣在這方面研究的也很少，我們就以水族業者常用的美洲苦草來說明。

　　美洲苦草是沈水性植物，整株植物體是生長在水底，在開花期時，美洲苦草的雌株會長出具有細長螺旋狀莖的雌花，由水底昇到水面；而雄株則會從水底釋放出能自由漂浮的雄花，雄花的花瓣就像是小船一樣載著雄蕊及花粉。雄花隨著水流漂到浮在水面的雌花，接觸到雌花的柱頭而完成授粉的工作。雌花授粉後，細長螺旋狀的花莖再將雌花從水面拉回到水面下結果。

　　在台灣，一向很少人在研究水生植物，近年來由於濕地不斷被開發破壞，使得許多水生植物在還未被瞭解其生態習性前，就已遭到瀕臨絕種的命運，實在是令人遺憾的事。若是世界上少了這些有趣的生物，那我們的世界不是會變得越來越灰色嗎？

由水中伸出
的雌蕊

美洲苦草在水中的植株，及其具有螺旋狀花莖的雌蕊。

美洲苦草在水中的植株，及其具有螺旋狀花莖的雌蕊。

睡蓮雖是水生植物，但一樣是靠昆蟲傳粉。

水蘊草開花，大群白色花朵露出水面。

水蘊草雖然生活在水中，
但是花卻仍然伸出水面，
靠昆蟲為其授粉。

盜蜜行為與陷阱

17

206

　　花朵產生花粉花蜜提供給動物，動物則為花朵授粉作為報償。在這看似公平的交易中，就如同任何一個社會制度一樣，不論動物或植物，總有一些破壞者從中謀取己身利益，卻對對方毫無貢獻。

　　許多植物為了由某些特定的動物為其授粉，所以花朵形成特殊的形狀，以排除其他動物進入花朵。但一些動物卻也能排除花朵所設下的重重關卡，進入花朵獲得花蜜，由於未經過花朵原先的設計，必須接觸到花蕊的路徑，因此對於花朵的授粉並沒有貢獻，我

胡蜂咬破一串紅花朵基部，盜取花蜜。

們稱這種行爲是「盜蜜行爲」。「盜蜜行爲」其實普遍易見，我們就舉一些例子來說明這種現象。

前面提到過的仙丹花及繁星花，花朵具有細長的花冠，在花朵基部含有豐富的花蜜，這樣的構造特別適合蝶、蛾類等有細長口器的昆蟲來吸食，其他口器不夠長的動物則被排除，無法獲取花蜜。

有些聰明的蜂類，卻可以用善於咀嚼的口器，將花冠基部咬破一個洞讓花蜜流出，這樣便可獲得花蜜，因未接觸到花蕊，所以對授粉完全沒有幫助。曾經提過桑寄生的花朵是靠鳥類爲其授

繁星花主要是靠蝶類爲其授粉，一隻蝴蝶正從花冠頂端的開口吸取花蜜。

粉,但蜜蜂也會從花冠的側方咬破以獲取花蜜。在達爾文的巨著《物種原始》一書中即提到蜂類的這種行為。

歸化台灣中海拔地區的毛地黃,熊蜂是其主要的授粉者,但某些熊蜂就偏偏不從正常的花冠開口進入,反而咬破花冠基部以取得花蜜。這些熊蜂都很好辨識,它們胸部的背面都沒有帶著白色的花粉;而循正常路徑進入的熊蜂,背上都會帶著白色花粉。這些昆蟲如何知道這種方式,是相當值得研究的題目。

這隻蜂因為口器不夠長,就把繁星花花冠基部咬破,從缺口獲得花蜜,因為未接觸到花蕊,所以對授粉沒有幫助。

螞蟻是最常見的偷蜜賊，它相當善於鑽爬，就跟穿牆的小偷一樣，鑽入花朵中偷取花蜜。以前科學家一直以為螞蟻在花朵上吸蜜，只是單純的偷蜜賊。但近年來的研究卻發現，螞蟻也扮演著授粉者的角色，由螞蟻授粉的植物有幾項特徵：植物多為群生性、開花多靠近地面、花朵小而不鮮豔、一次只開少量的花，所分泌的花蜜也很少。通常大型昆蟲對於這類花朵根本不屑一顧，而螞蟻為了尋找足夠的花蜜，必須從一朵花爬過糾纏的枝條到另一朵花上。

螞蟻通常善於鑽爬，所以常伴演偷蜜賊的角色，在台灣，螞蟻的研究尚在初步階段，是否有助於植物的授粉，有待進一步的觀察。圖中的黑棘蟻正在一種繖形科的小草——乞食碗上覓食。

在蘭嶼的珊瑚礁海岸上，一種夾竹桃科的海岸植物——爬森藤的花上，蜘蛛守株待兔地捉到一隻被花朵吸引過來的蒼蠅。

黃色的蟛蜞菊上，躲著一隻黃色的蜘蛛，利用絕佳的保護色與毒液，捕捉到一隻比牠身體還大的食花虻。

蜘蛛躲在馬鞍藤中央模仿花蕊的形狀，捕捉前來採粉的蜜蜂。

被長葉茅膏菜捕捉到的蛾。

　　花朵是吸引昆蟲前來的好地方，以獵捕小動物為食的獵食者，怎會放棄這樣的好機會呢？就像非洲的獅子常埋伏在水洞旁邊，等待前來喝水的斑馬、羚羊一樣，在花朵的中央或旁邊，同樣也可見到這些獵食者在虎視眈眈等待獵物上門。像是某些種類的蜘蛛，並非利用結網來捕食，而是利用很好的偽裝，模擬花蕊的形狀躲在花朵的中央，等待獵物上門，等昆蟲被花朵吸引闖進來時，便擒而食之。在蝴蝶喜歡吸蜜的馬纓丹、有骨消花朵下面，也常見到螳螂在花下埋伏，等蝶、蛾類正專心吸蜜、大意疏忽時，便以迅雷不及掩耳的速度，利用鐮刀狀的前肢，將倒楣的獵物手到擒來。

長葉茅膏菜是稀有的食蟲植物，只分布於新竹縣內少數濕地。

　　引誘動物上門當獵物可不是動物的權利，吃葷的食蟲植物也會利用類似花朵吸引昆蟲的方法，引誘昆蟲上門，但迎接昆蟲的可不是熱情的花蜜盛宴，而是死亡的陷阱。食蟲植物通常長在陰濕的沼澤地，由於土壤缺乏氮素，所以必須產生特化的捕蟲構造捕捉小動物以補充氮素。像東南亞常見的豬籠草，具有特化的瓶狀捕蟲葉，在瓶中會有揮發性的物質產生氣味，吸引小動物前來，在瓶緣內側還會產生類似花蜜的液體，但瓶緣的倒刺及光滑的內壁，卻讓被吸引來的小動物無法退出，最後掉到瓶底的消化液中淹死，逐漸被消化分解掉。

花朵上正有一隻蜘蛛守株待兔,你看得到嗎?

螳螂的技巧高超,連飛行中的天蛾也捕捉得到(左漢榮攝)。

螳螂躲在有骨消花朵下方，等待倒楣的昆蟲前來。

產於東南亞熱帶地區的豬籠草，其葉子先端特化為囊狀，裏面裝了半瓶的消化液，在開口的上端長有一片蓋子，像雨傘一樣能保護消化液不被大雨稀釋。在瓶口附近有能分泌類似花蜜的腺體，當昆蟲被吸引過來時，會因不小心掉到消化液中淹死而被消化掉。

豬籠草生長在東南亞熱帶雨林中。

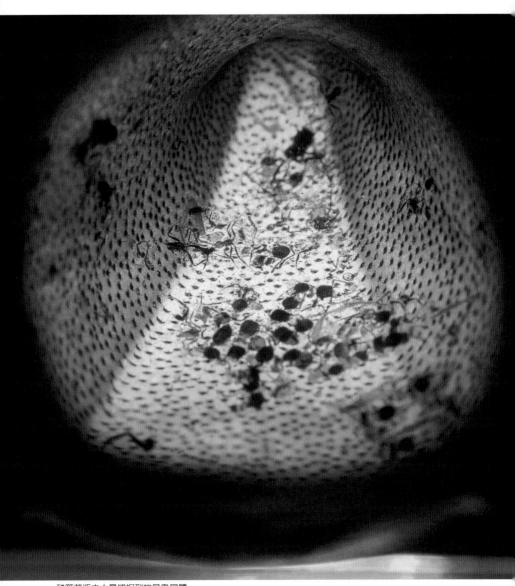

豬籠草瓶中大量捕捉到的昆蟲屍體。

小毛氈苔是台灣較常見的食蟲植物，小毛氈苔在葉子上有許多觸毛，能分泌像露珠一樣亮晶晶的黏液，對昆蟲來說幾乎是無法拒絕的誘惑。

　　毛氈苔是另一類較常見的食蟲植物，在台灣也有野生分布。毛氈苔在葉片上滿布許多紅色的觸毛，觸毛具有引誘捕捉消化獵物的功用。每一根觸毛會在先端分泌像花蜜一樣閃閃發光的黏液，當小昆蟲或蜘蛛被引誘或不小心走過時，就立刻被緊緊黏住，同時其他的觸毛也會向獵物彎過去，將獵物緊緊包住，等獵物動彈不得時，再分泌消化液慢慢將獵物分解。

小毛氈苔是台灣較常見的食蟲植物，植物體約三公分大小，長在陰濕、多水的地方。

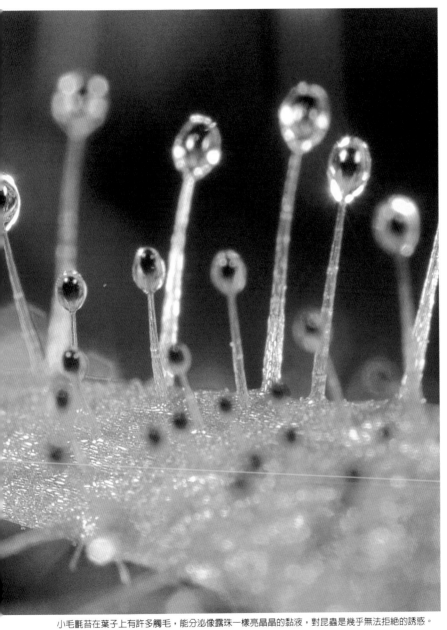

小毛氈苔在葉子上有許多觸毛，能分泌像露珠一樣亮晶晶的黏液，對昆蟲是幾乎無法拒絕的誘惑。

螞蟻剛被小毛氈苔黏住。

倒楣的螞蟻被吸引到小毛氈苔的葉子上，被黏液黏住動彈不得，然後葉子慢慢翻捲將蟲子包裹起來，分泌消化液將蟲子分解消化掉。

全世界最大的花——大花草

花的顏色、形狀千變萬化，花朵的大小也是比例懸殊。全世界最小的花是浮萍所開的花朵，需要在顯微鏡下才看得到。到底全世界最大的花有多大呢？在本書的結尾，我們來看看全世界最大的花！相信讀者一定很好奇吧？

全世界最大的花，是由一種非常稀有的植物——大花草所開放的，任何人只要一睹風采，就必然為牠的巨大豔麗所吸引！從十九世紀發現以來，大花草就吸引世界各地的植物學者，他們往往不惜跋涉千里，只為能目睹這種珍貴稀有的植物。

當筆者在唸小學時，就曾因在書上讀過大花草的資料而嚮往不已，但書上只有文字敘述，沒有圖片，

18

大花草開花時期，發育的花苞會在寄主莖上形成一個個乒乓球大小的凸起。

逐漸開放的花苞花被片，會突破苞片的保護逐漸向外伸展開來。

只能憑空臆測，總盼望有天能親眼看到這種珍奇的植物。後來筆者六次探訪婆羅洲──大花草的故鄉，終於見到大花草，並順利記錄從花苞到開花至凋謝的過程。回想起第一次看到大花草開花的興奮，仍讓人回味不已。

大花草不只是因花朵巨大的尺寸而聞名，特殊的生活史才是最有趣味的地方！大花草只生長於婆羅洲、爪哇、蘇門達臘一帶的熱帶雨林中，在1812年首次被兩位英國探險家發現。這朵最先被發現的花直徑有97公分，重達6.8公斤。奇怪的是大花草無根、無莖也無葉，只有花朵成為唯一可觀察到的部分，這種特性讓一些植物學者在發現之初，還曾經否定牠是一種植物。

經過多年調查，才發現大花草原來是一種非常特殊的寄生植物。由於無法製造生活所需的養分，一切營養都必須從其寄生的寄主植物奪取而來。大花草只寄生在葡萄科崖爬藤屬植物的粗大蔓性莖內，在生活史中，有很長的時間都呈細絲狀，包埋在寄主體內，從外表完全看不出來，一直到開花期，花苞突破寄主表皮，才能發現牠的存在。

完全長成的花苞約有甘藍菜大小，在外面有膜狀的苞片保護。

絕大部分的花苞，會在發育中途腐爛。

　　當大花草吸收到足夠養分而開花時，會先在寄主的莖上產生一些球狀凸起。在發育初期，花苞會有深褐色的膜狀苞片加以保護，到接近開花時苞片會裂開，露出裏面紅褐色的花被片。由花苞產生到開花約要九個月到一年半的時間。其間大部分的花苞都會腐爛死亡，只有少數能持續到開花，而每朵花只開三到四天就枯萎了，因此要看到大花草開花，的確需要相當的運氣。

　　大花草的花為紅褐色，具有五片厚而堅韌的花被片，根據花被片的顏色、大小約可分為15個種。在花被片表面布滿了疣狀的凸起，像是動物的皮毛。在頂端有一個杯狀的花蓋，在開口內有一個中央柱，中央柱頂端長有許針狀的肉質凸起，可以產熱並散發氣味。

　　說到氣味，大花草會放出一股肉類腐爛的臭味，以吸引授粉者，所以大花草也有另一個不雅的別稱──屍體花！在中央柱的側邊長有雌或雄性生殖器官，由於大花草為雌雄異花，所以必須要雌雄花要同時開放才能順利授粉。

　　由前面的敘述，讀者朋友應已經想到大花草是由何種動物授粉了吧？沒錯！牠是靠喜食腐肉的蒼蠅為其傳粉，在大花草開花時，會吸引許多蒼蠅在旁邊飛舞，花蓋內緣的白色斑塊可以誘引蒼蠅進入授粉位置，蒼蠅用胸部的背面將黏性的花粉從雄花帶出，飛至雌花完成授粉的工作，雌花結果後會產生很多細小的種子。

　　大花草的種子如何傳到寄主植物，至今仍是一個謎，但可以肯定的 是其中絕大部分會在傳布中途死亡，能順利成活侵入寄主的少又之少，所以這也是科學家猜想為何大花草的花朵要如此巨大的原因。因為成功率低，所以必須產生大量的種子。估計一朵

完全開放的花朵，最大的直徑可達一公尺，真像是夢中才有的花朵。

雌花可結出四百萬粒種子，眞是驚人！

在台灣也可以見到大花草的親戚，他們都屬於大花草科，不過花朵非常小，高度只有4公分大小。它們的生活史與大花草類似，同樣營寄生生活，不過是寄生在殼斗科的樹木根部，稱爲奴草。在台灣有兩個種類，分別爲台灣奴草及菱形奴草。

奴草的花白色略帶粉紅，具有與非洲鳳仙花類似防止自花授

開花後4至5天，花朵就逐漸黑化、腐爛。

粉的構造，雄蕊會形成一個帽子將雌蕊蓋住，等雄蕊花粉釋放完畢，雄蕊形成的帽子脫落，露出下方的雌蕊，以便接受他花的花粉。奴草與大花草一樣都是世界級的稀有植物，一直未能詳盡研究，到最近幾年才受到重視，有待學者進行進一步的深入調查。

　　大花草只分布於低海拔的熱帶雨林中。由於熱帶雨林不斷被砍伐破壞，使得大花草的數量急遽減少，而有滅種的危機。大花

在花蓋內中央柱上的肉質凸起，具有散發氣味的功用。

雌、雄蕊的位置是在中心柱的旁邊，花蓋內側的白色斑塊，有助於引導蒼蠅進入授粉的位置。

大花草會放出肉類腐爛的味道，以吸引蒼蠅為其授粉，所以開花時會有一堆蒼蠅聚集。

菱形奴草是台灣非常稀有的寄生植物，與非洲鳳仙採取相同的方式，避免自花授粉。左邊的花為雄花期，右邊的花，雄蕊形成的帽子脫落，雌蕊露出進入雌花期。

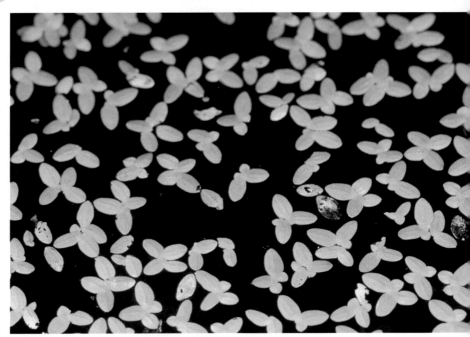

浮萍的花是全世界最小的花，要在顯微鏡下才能看得見。

大花草約有15種，是靠花
朵形狀、花紋及顏色來分
類，這一種開口較大，學
名為Rafflesia keithii。（柯
明雄攝）

草因特殊的生活方式，所以無法用移植或其他方法繁殖，唯一的
保護方法就是保存其生存的熱帶雨林。還好因為大花草國際性的
知名度，使東南亞國家注意而設立大花草的保護區。像馬來西亞
就規定大花草為一級保育類植物，盜採大花草者可判處一年的徒
刑。真希望這些措施能將大花草永續保存下來，否則當我們的後
代只能在博物館中看到大花草的標本時，那實在是一件令人悲嘆
又惋惜的事！

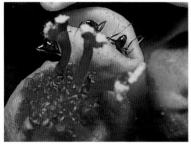

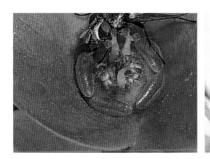

一花一世界

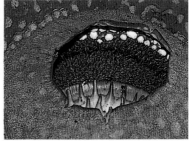

參考資料

- 丁澤民、王偉、張世玲、連會瑞，1993，《生物學》，台北：藝軒圖書出版社。
- 宋碧華譯，1995，《植物趣味問答題》台北：大樹出版社。
- 林政行，1984，《植物與昆蟲的共同演化》，台北：台灣省立博物館。
- 林讚標編，1991，《愛玉子專論》台北：台灣省林業試驗所。
- 張碧員，1994，《台灣賞樹情報》，台北：大樹出版社。
- 孫克勤譯註，1988，《達爾文物種原始精義》，台北：台灣省立博物館。
- Attenborough, D. 1995，The private life of plant David Attenborough Ltd. New Jersey U.S.A
- Barth ,F.G. 1991 Insect and flower Princetion University Press, New jersey ,U.S.A.
- Meeuse .B.and Morris ,S. 1984 The sex life of flower .Oxford Scientific Film Ltd., New York U.S.A.
- Pietropaolo,J&P 1986 Carnivorous plant of the world, Timber Press Oregon , U.S.A.
- Salleh, K.M. 1991 Rafflesia. Borneo Publish Company, Kota Kinabalu Malaysia.

國家圖書館出版品預行編目資料

花與授粉的觀察事典／沈競辰著.－－再版.－－
　　台中市：晨星，2003〔民92〕
　　　面；　　公分.－－（生態館；16）
　　參考書目：面
　　ISBN 957-455-541-0（平裝）
　　1. 花粉學

373.17　　　　　　　　　　　　　　　　92017203

 生態館 16

花與授粉的觀察事典【一花一世界修訂本】

作　　者	沈　競　辰
攝　　影	沈　競　辰
文字編輯	林　美　蘭
內頁設計	林　淑　靜
封面設計	王　志　峰

發行人	陳　銘　民
發行所	晨星出版有限公司 台中市407工業區30路1號 TEL:(04)23595820　FAX:(04)23597123 E-mail:service@morning-star.com.tw http://www.morning-star.com.tw 郵政劃撥：22326758 行政院新聞局局版台業字第2500號
法律顧問	甘　龍　強　律師
製作	知文企業（股）公司　TEL:(04)23581803
初版	西元2003年11月30日

總經銷	知己實業股份有限公司 〈台北公司〉台北市106羅斯福路二段79號4F之9 　　　　　　TEL:(02)23672044　FAX:(02)23635741 〈台中公司〉台中市407工業區30路1號 　　　　　　TEL:(04)23595819　FAX:(04)23597123

定價 380 元
（缺頁或破損的書，請寄回更換）
ISBN-957-455-541-0
Published by Morning Star Publishing Inc.
Printed in Taiwan

更方便的購書方式：

(1) **信用卡訂購** 　填妥「信用卡訂購單」，傳真或郵寄至本公司。

(2) **郵 政 劃 撥** 　帳戶：晨星出版有限公司　　帳號：22326758
　　　　　　　　　在通信欄中填明叢書編號、書名及數量即可。

(3) **通 信 訂 購** 　填妥訂購人姓名、地址及購買明細資料，連同支
　　　　　　　　　票或匯票寄至本社。

◉購買1本以上9折，5本以上85折，10本以上8折優待。

◉訂購3本以下如需掛號請另付掛號費30元。

◉服務專線：(04)23595819-231　FAX：(04)23597123

◉網　　　址：http://www.morning-star.com.tw

◉E-mail:itmt@ms55.hinet.net

◆讀者回函卡◆

讀者資料：

姓名：_____　　性別：□ 男　□ 女

生日：　　／　　／　　　　身分證字號：_____

地址：□□□_____

聯絡電話：　　　　　　（公司）　　　　　　　　（家中）

E-mail _____

職業：□ 學生　　　□ 教師　　　□ 內勤職員　□ 家庭主婦
　　　□ SOHO族　□ 企業主管　□ 服務業　　□ 製造業
　　　□ 醫藥護理　□ 軍警　　　□ 資訊業　　□ 銷售業務
　　　□ 其他_____

購買書名：_____

您從哪裡得知本書： □ 書店　□ 報紙廣告　□ 雜誌廣告　□ 親友介紹
□ 海報　　□ 廣播　　□ 其他：_____

您對本書評價： **（請填代號 1. 非常滿意　2. 滿意　3. 尚可　4. 再改進）**

封面設計_____版面編排_____內容_____文／譯筆_____

您的閱讀嗜好：
□ 哲學　　　□ 心理學　□ 宗教　　□ 自然生態 □ 流行趨勢 □ 醫療保健
□ 財經企管 □ 史地　　□ 傳記　　□ 文學　　　□ 散文　　 □ 原住民
□ 小說　　　□ 親子叢書 □ 休閒旅遊 □ 其他_____

信用卡訂購單（要購書的讀者請填以下資料）

書　　　　名	數　量	金　　額	書　　　　名	數　量	金　　額

□VISA　　□JCB　　□萬事達卡　　□運通卡　　□聯合信用卡

● 卡號：_____　● 信用卡有效期限：_____年_____月

● 訂購總金額：_____元　● 身分證字號：_____

● 持卡人簽名：_____（與信用卡簽名同）

● 訂購日期：_____年_____月_____日

填妥本單請直接郵寄回本社或傳真(04)23597123